공룡의
나라
한반도

공룡의 나라 한반도

중생대 이 땅의 지배자를
추적하는 여정

허민

사이언스
SCIENCE
BOOKS 북스

머리말

-

공룡의 땅, 한반도

1996년 해남에서 한국 지질학계 최초로 공룡 발굴을 시작한 이래 우리나라에서 공룡 화석을 발굴한 지 20년 세월이 흘렀다. 처음에는 용어조차 논란의 대상이 되었다. 지질학에서 발굴이라는 단어를 쓰는 것에 대해서도 몇몇 문화재 위원들이 의문을 표하기도 했다. 첫 보고서가 「해남 공룡 화석지 종합 학술 연구」였다.

불과 37세, 그것도 공룡으로 박사 학위를 하지 않은 사람이 어떻게 엄청난 발굴 프로젝트 책임을 맡을 수 있겠느냐? 발굴 경험이 있느냐? 잘못되면 돈만 날리는 것 아니냐? 발굴 초기 자존심이 상하는 적이 한두 번이 아니었다. 그때마다 성과를 반드시 거둬 국제 논문으로 결과를 내리라 다짐했다. 격려를 실은 스승님들의 전화가 괴로움을 송두리째 잊게 하는 특효약이었다.

이 책에는 열정과 패기 하나로 버텨 온 세월들의 이야기가 녹아 있다. 햇빛 가리개 하나 없는 뜨거운 태양 아래, 물이 들어와 발끝까지 시린 혹한에도 한반도 남해안의 공룡들을 세계로 알리기 위해 모든 열정을 바쳤다. 해남, 보성, 여수, 화순, 고성 등 주요 공룡 화석지가 CNN, NHK, 내셔널지오그래픽 등에 소개되었으며, 학술적 가치를 기반으로 공룡 박물관과 테마 파크가 만들어졌다. 한반도 공룡의 학술적 우수성으로 EBS 한반도 공룡 다큐와 영화 「점박이」가 탄생했다. 남해안 공룡 화석지를 유네스코 세계 유산에 등재하려는 노력도 계속되고 있다.

『공룡의 나라 한반도』는 나의 책이 아니고 지금까지 나와 함께해 온 모든 분의 책이다. 동료 전문가들, 멀리 한국에 달려와 준 외국 석학들, 문화재청을 비롯한 중앙 정부와 지자체 관계자 여러분, 기초 자료를 정리하고 사진들을 모아 준 제자들, 특히 박진영은 이 책의 많은 부분을 담당해 주었다. 무엇보다 나를 학자로 키워 주신 박홍봉, 정창희, 백광호 교수님께 감사드린다. 이 책의 원고를 읽어 주시고 유익한 제언을 해 주신 양승영, 장순근, 김정률, 백인성 교수님, 사진을 제공해 주신 윤철수 박사님, 그동안 한반도 공룡과 함께한 서승조, 임성규, 김경식, 이융남, 임종덕, 공달용, 김경수, 김현주 박사님과 미국 콜로라도 대학교 마틴 록클리 교수, 벨기에 국립자연사박물관 파스칼 고디프로이트 박사와 이병훈 전 아시아중심도시 추진단장, 곽민규 전남대 교수님, 어려운 가운데 속 빈 공룡알 사진 촬영과 실험을 도와 주신 전남 대학교 의대 강형근 교수님과 화학과 한종수 교수님, 한반도의 공룡 다큐멘터리를 만든 한상호 피디와 이용규 작가 등 모든 분들께 깊이 감사드린다. 미처 나열하지 못한 분들께 미안함과 고마움을 함께 전하고 싶다.

20년 동안 비가 오나 눈이 오나 묵묵히 한반도 공룡 발굴을 위해 함께한 사랑하는 제자들에게 다시금 고마움을 표하고 싶다. 황구근, 박준, 김하영, 김보성, 오우종, 손송이, 배창현, 곽세건, 정진우, 문기현, 이대길, 센징, 뭉흐체첵, 장성재, 김정균, 민재웅, 박진영, 우연, 최병도에게 이 책을 바친다.

마지막으로 일 년의 반 이상을 야외 현장과 출장으로 집을 비운 남편에게 불평 한 마디 없는 사랑하는 아내 최경석과 딸 선, 아들 건에게 이 책을 바친다. 아들을 위해 하루도 빠지지 않고 기도하고 계시는 어머니, 아버지께도….

빛고을 광주 일곡동에서

허민

차례

1

-

공룡 발자국을 따라가다

    1996년 어느 여름 날, 내 인생의 획기적인 발견을 잊을 수 없다. 해남 공룡 화석지 발굴이 한창이던 그날따라 날씨는 무척 더웠고, 사방에서 웽웽거리는 모기떼와 씨름을 하고 있을 때였다. 조용한 우항리 옛 바닷가는 방조제 사업으로 인해 한순간 담수호로 변해 버려서 우기 때 범람한 진흙더미들이 퇴적층 위로 쓸려 올라오는 바람에 화석층 위에는 갈대들만이 무성하게 자라고 있었다. 갈대밭 사이에서 모기떼가 더욱 극성이었다. 전남 대학교 한국공룡연구센터 발굴단 30여 명은 더위와 싸워 가며 켜켜이 쌓인 퇴적층들을 서서히 걷어 내고 있었다. 마치 수천만 년 동안 감춰진 공룡 왕국의 비밀을 벗겨 내듯이.

    그날 오후, 나는 첫 발굴지를 발굴단에 맡기고 새로운 공룡 화석들을 찾기 위해 조금 더 멀리 걸어가 조심스럽게 퇴적층 한 층 한 층을 탐사하고 있었다. 순간 얇은 퇴적층 사이로 아주 부드럽게 움푹 들어간 큰 흔적을 발견했다. 손으로 움직일 수 없을 만큼 커다란 바위가 놓여 있었다. 아래 퇴적층을 살살 만지다 보니 미끄러지듯 손이 밑으로 빨려 들어갔다. 생각보다 정교했고 규모 또한 매우 컸다. 상부 퇴적층과의 간격이 불과 30센티미터라 아무리 살펴봐도 구멍의 진위를 알 수 없었다. 암석 형성 당시 만들어진 퇴적 구조가 아니라면 이렇게 크고 정교한 공룡 발자국이 어떻게 만들어진 것인가?

무전기로 멀리 떨어져 있던 발굴단을 불렀다. 발굴단이 합류해 이 불가사의한 구멍의 비밀을 풀기 위해 지혜를 모아 발굴을 시작했다. 먼저 퇴적층 위에 딱 버티고 있는 커다란 바위 덩어리를 들어 올리고 해머와 정을 이용해 조심스럽게 파 들어갔다. 한 시간이 지나자 어렴풋이 무언가 드러나기 시작했다. 분명 퇴적 구조는 아닌 것 같은데, 크고 정교하게 잘 보존된 공룡 발자국인가? 우리는 흥분 속에 구덩이를 파 내려갔다. 1미터 정도 파고 나니 구멍의 실체가 드러났다. 둥그런 외곽 내부는 별 모양처럼 여기저기 가지가 뻗어 있었다. 우리는 눈을 의심했다. 지금까지 세계에서 볼 수 없었던 완벽한 모양의 대형 공룡 발자국이 나타난

것이다. "이게 공룡 발자국이라면 분명 옆에 다른 발자국들이 존재할 것이다!" 기쁨에 들떠 우리는 쉼 없이 바로 옆을 파 들어가기 시작했다. 기대와 똑같은 모양으로 잘 보존된 발자국이 나타났다. 무려 8500만 년 동안 숨어 있었던 공룡 발자국이, 지금까지 보지 못한 완벽한 모양으로 세상에 나온 것이다. 우리는 얼싸안고 축배를 들었다.

이후 2년 동안 우리는 높이 11미터, 길이 50미터, 폭 20미터의 퇴적층을 걷어 냈다. 한반도 지질학 역사상 처음 이루어진 대규모 발굴이었다. 발자국 하나의 너비가 1미터, 깊이가 30센티가 넘는 초대형 초식 공룡 발자국 109개를 발굴했다. 이 발자국들이 지층 속으로 계속 연장되어 있어 발굴이 지속된다면 더 많은 발자국들이 나타날 것이다. 현재 이곳은 해남 우항리 공룡 화석지 내에 보호각으로 둘러싸여 보호받고 있으며 보호각 내부로 들어가면 그 위용을 볼 수가 있다.

이 발자국들은 세계적으로 너무 희귀해서 처음부터 해석이 분분했다. 첫 발굴 당시 목 긴 용각류(竜脚類) 공룡이 헤엄친 흔적이라고 해석했으나, 그 후 지속적인 연구를 통해 이 공룡 발자국의 주인은 2족 보행을 하는 몸길이 8미터 정도의 대형 조각류(鳥脚類) 공룡으로 밝혀졌다. 이 연구는 이곳 해남 우항리 공룡과 익룡 발자국으로 박사 학위를 취득한 제자 황구근 박사와 세계적 석학인 미국 콜로라도 대학교 마틴 록클리(Martin Lockley) 박사, 한국공룡연구센터 연구팀과의 국제 공동 연구 논문으로 발표되었다. 단일 화석을 대상으로 서로 다른 국제 논문에 각기 다른 해석으로 논문이 실리기는 쉽지 않다. 그만큼 이 공룡 발자국을 해석한다는 것이 어려웠던 것이다.

1996년 해남 우항리 공룡 발자국 화석지 발굴을 시작으로 우리나라 곳곳에서 다양한 공룡 발자국들이 발견되었으며 30곳이 넘는 지역에서 발자국 화석이 발견되고 있다. 중생대 후기 백악기 시대에는 커다란 덩치의 공룡들이 한반도를 누비고 다녔던 것 같다.

2
-
완벽한 발자국

공룡 멸종 이후 6500만 년이라는 긴 세월이 흘렀다. 새로운 공룡 뼈를 발견하고 분류하기 바빴던 과거와 달리 최근 연구는 공룡의 행동 해석에 더 큰 관심을 두고 있다. 공룡이 남기고 간 수많은 흔적들 중 발자국 화석은 머나먼 옛날에 사라진 생물들이 어떻게 행동했는지 알려 주는 좋은 증거 자료가 된다.

전 세계에서 발견되기는 하지만, 사실 공룡 발자국 화석이 공룡 뼈 화석보다 희귀하다. 발자국 화석은 형성 당시의 퇴적물, 환경, 기후 등의 요소가 적절하게 조화를 이루고 속성 작용과 화석화 과정을 거쳐야만 화석으로 남겨지므로 보존률이 생각보다 매우 낮기 때문이다. 이미 단단해진 산등성 돌길과 바닷가를 비교해 보면 금방 알 수 있다. 어느 정도 굳어진 갯벌과 질퍽질퍽한 갯벌도 차이가 난다. 공룡들이 살던 환경도 마찬가지다. 자갈밭보다는 부드러운 땅에 발자국이 남는데 질퍽질퍽한 갯벌에서는 발만 빠질 뿐 발자국은 남지 않는다. 어느 정도 단단해진 갯벌에 남겨진 발자국도 바로 바닷물이 들어오면 금방 지워진다. 따라서 굳어진 갯벌 위에 발자국이 만들어진 후 오랫동안 바닷물의 영향을 받지 않아야 한다. 이렇게 만들어진 발자국 퇴적층 위를 모래나 성분이 다른 갯벌들이 채우고, 상부 압력으로 인해 아래 발자국 퇴적층이 머금고 있던 수분들이 빠지면 비로소 발자국을 함유한 퇴적층이 보존된다. 이렇게 만들어진 공룡 발자국 화석들이 수많은 지각 변동에도 불구하고 무려 1억 년 이상 우리 땅에 보존되어 있다.

남해안에는 이렇게 순차적으로 만들어진 퇴적층들이 무수히 많다. 전라남도 여수 사도, 추도나 경상남도 고성 하이면 퇴적층들에는 공룡 발자국을 담고 있는 퇴적층들이 켜켜이 쌓여 있는데, 두께가 무려 100미터 이상 발달되어 있다. 한마디로 지금 해안가에 보이는 공룡 발자국들은 극히 일부이며 이 발자국들이 훼손되어 없어지더라도 다른 층들에서 공룡 발자국들이 나타날 수 있다는 것이다. 지금까지 우리나라에서 발굴되거나 자연적으로 노출된 공룡 발자국만 1만 개가 넘으니 정말 행운의 나라가 아닐 수 없다.

발자국 화석 연구를 통해 우리는 동물이 어떻게 살았는지 알 수 있다. 발자국 화석을 연구하는 학문인 생흔학 혹은 생흔화석학(ichnology)은 퇴적물과 동물의 움직임을 동시에 이해해야 하는 학문이다. 공룡 발자국 화석을 최초로 기록한 에드워드 히치콕(Edward Hitchcock)은 미국의 박물학자로 공룡 발자국 화석을 처음 보고 거대한 새의 발자국이라 생각했다. 물론 당시 사람들은 공룡의 존재를 몰랐다.

발자국 화석을 연구하는 학자들에게 가장 큰 문제는 바로 발자국의 주인을 찾는 일이다. 보통 발자국 화석과 그 발자국의 주인공이 함께 화석으로 발견되는 일은 거의 없기 때문이다. 또한 모양과 크기가 다른 발자국이더라도 서로 다른 공룡이 만든 것인지, 같은 공룡이 만든 것인지, 혹은 새끼 공룡 발자국인지를 알길이 없다. 그래도 학자들은 비슷한 유형의 발자국들을 전 세계에서 발견된 다양한 공룡들의 발 뼈와 비교하고 발자국이 찍힐 당시의 퇴적물 조건들을 연구해서 발자국 주인이 대충 누구인지 알아내고 있다.

공룡 발자국은 모양과 길이에 따라 세 가지로 분류된다. 발자국의 주인은 목이 긴 공룡인 용각류, 육식 공룡인 수각류(獸脚類),

그리고 두 다리로 걷는 초식 공룡인 조각류 중 하나다. 수각류의 발자국은 삼지창 모양의 매우 긴 3개의 발가락이 특징이다. 용각류의 발자국은 앞발과 뒷발이 다른 크기로 네 발 모두가 나타나고, 종류에 따라 다소 차이가 있지만 대개 앞뒷발 모두 5개의 발가락이 있다. 조각류와 수각류 발자국 모두 3개의 발가락이 나타나지만, 수각류의 발가락이 길고 날렵한 모양인 반면 조각류의 발가락은 길이보다는 폭이 약간 더 큰 뭉툭한 모양이다. 공룡 발가락이 모두 3개는 아니다. 공룡 뼈 자체의 구조를 본다면 공룡 발에는 닭 발가락이나 새 발가락 같이 발 몸에 숨어 있는 하나의 발가락이 있다. 이 뒤꿈치 발가락은 공룡이 지면을 밟을 때 퇴적층에 찍히지 않는다.

우리나라에는 조각류 발자국이 가장 많다. 길게 늘어진 공룡 발자국 보행렬은 다른 나라에서 보기 어려운 흔적이다. 경상남도 고성 상족암이나 여수 사도, 추도는 50~84미터까지 길게 뻗은 조각류 공룡 발자국을 쉽게 볼 수 있는 것으로 유명하다. 그것도 완벽한 모양으로 말이다. 발자국을 보면 생태를 알 수 있다. 두 발로 걸었는지, 네 발로 걸었는지, 캥거루처럼 총총걸음으로 걸었는지, 뜀박질했는지, 아니면 적을 공격하기 위해 뛰었는지 알 수 있다. 심지어는 육식 공룡과 초식 공룡이 싸움을 했는지 여부 등 공룡 뼈에서 알 수 없는 새로운 사실을 발자국 화석에서 밝혀낼 수 있다.

공룡이 모성애가 있을까? 공룡알 둥지에서도 알 수 있지만 발자국에서도 알 수 있다. 새끼를 동반한 어미 공룡들의 발자국이 뭍 쪽이 아닌 바닷가나 강가 쪽으로 나 있으니 말이다. 공룡은 악어나 도마뱀 같은 다른 파충류보다는 좀 더 진화한 척추동물임에는 분명하다. 깃털 공룡의 발견으로 일부 공룡들이 새로 진화했다는 이론은 일부 공룡은 파충류보다는 조류에 더 가깝게 진화했다는 사실을 뒷받침하기 때문이다.

조각류의 발자국은 우리나라 전체 공룡 발자국 중 80퍼센트를 차지할 만큼 많이 발견된다. 반면에 천적인 수각류의 것은 전체 공룡 발자국 중 매우 적다. 이렇게 큰 차이를 보이는 것은 먹이 사슬의 구성 때문이다. 육식 동물의 수가 초식 동물과 비슷하거나 많으면 육식 동물들은 초식 동물들을 모조리 잡아먹을 것이고, 결국 초식 동물은 사라질 것이다. 초식 동물들이 사라지면 육식 동물들도 자연스럽게 사라진다. 생태계 균형 유지를 위해 야생에서 육식 동물보다 초식 동물이 훨씬 많은 것이다. 이러한 현상은 공룡 시대에도 마찬가지였다. 육식을 하는 수각류 공룡들은 소수로 남아 있고, 이들의 주요 먹이 공급원인 조각류 공룡들은 많이 보이는 것이다.

이러한 발자국 비율은 공룡이 변온 동물이 아닌 정온 동물일 가능성이 높다는 증거이기도 하다. 정온 동물은 사자, 코끼리, 고래, 사람과 같이 자신의 체온을 스스로 유지할 수 있는 동물들을 말한다. 악어, 도마뱀, 뱀, 거북과 같이 체온을 스스로 유지하지 못하는 동물들은 변온 동물로 에너지를 주로 햇빛으로부터 얻어 적은 양의 먹이로 몸을 유지할 수 있으므로 육식성 변온 동물의 개체수는 먹이 동물의 개체수와 거의 비슷한 수준이다. 반면에 정온 동물은 체온 유지를 위해 많은 양의 먹이를 섭취하므로 육식성 정온 동물이 적은 개체수를 유지해야 생태계 균형이 깨지지 않는다. 우리나라 육식 공룡 발자국과 초식 공룡 발자국 비율을 보면 오늘날의 정온동물 포식자와 피식자 비율과 비슷하다. 결국 공룡은 일반 파충류보다는 포유류나 조류와 비슷한 정온 동물일 가능성이 높다. 공룡은 파충류도 조류도 아닌, 우리가 전혀 알지 못했던 새로운 무리의 동물일지도 모른다.

3

-

세계에서 가장 긴 조각류 보행렬

공룡 발자국 화석을 자세히 관찰하면 왼발과 오른발 간격이 그리 넓지 않다는 것을 알 수 있을 것이다. 공룡들이 이구아나나 악어 같은 파충류처럼 다리가 몸 밖으로 나오지 않고 사람과 같이 다리가 아래로 곧게 뻗어 있었기 때문이다. 아래로 뻗은 다리는 공룡들로 하여금 1억 6000만 년 동안 지구를 지배하는 데 큰 도움을 주었다. 다리가 옆으로 뻗어 있는 악어 같은 몸 상태로는 몸무게를 효과적으로 지탱할 수가 없었고, 지그재그로 걸어 먼 거리를 이동하기도 무척 힘들었을 것이다. 걷는 중간에 배를 땅에 배고 쉬어 주어야 하기 때문이다. 하지만 다리가 곧장 아래로 향해 있으면 몸무게를 효과적으로 지탱할 수 있어 쉽게 피로를 느끼지 못한다. 팔 굽혀 펴기를 할 때 팔을 굽힌 채로 있으면 정말 힘든 것과 마찬가지다. 공룡은 악어나 도마뱀과 달리 다리가 아래로 곧장 뻗어 있어 보폭이 길어져 더욱 멀리 이동을 할 수 있었으며, 그 결과 다리가 굽은 다른 파충류 경쟁자들보다 훨씬 멀리 이동해서 먹을 것을 먼저 획득할 수 있었던 것이다.

공룡은 여기저기 먹을 것을 구하러 다니며 많은 발자국들을 줄지어 남겼다. 이러한 공룡 보행렬들은 공룡의 행동에 대해 많은 것들을 알려 준다. 미국 유타 주에서는 같은 종류의 공룡 발자국들이 좁은 공간에서 서로 겹쳐 발견되었는데, 발자국 흔적을 남기고 간 공룡들이 무리 생활을 했음을 보여 주는 좋은 증거이다. 미국 텍사스 주의 플럭시 강 유역에서는 거대한 용각류와 수각류의 보행렬이 나란히 발견되었는데 육식 공룡이 거대한 초식 공룡을 뒤쫓으면서 만들어진 것으로 추측되고 있다. 더 나아가 육식 공룡은 먹잇감을 공격할 때 뒤에서 공격했다는 것을 암시하기도 한다.

여수 낭도리에 위치한 작은 섬 추도에서 국내외적으로도 희귀한 84미터 길이의 조각류 보행렬이 5개 이상 발견되었다. 이들은 7000만 년 전 호숫가를 거닐면서 물 마시기 좋은 자리를 찾기 위해 조금 더 멀리 걸어갔을 것이다. 그 공룡들은 자신의 발자국들이 먼 훗날 세계적인 보물이 될 것이라고는 꿈에도 몰랐을 것이다. 이 조각류 보행렬 위에는 화산재가 쌓여 만들어진 퇴적층들이 다수 존재하는데 조각류 공룡이 지나갈 때 주변 여기저기에서 화산이 쉬지 않고 폭발했다는 증거이다. 재미있게도 화산 폭발이 있었음에도 불구하고 공룡의 보폭에는 변화가 없다. 근처에서 화산이 폭발했음에도 불구하고 공룡들은 신경 쓰지 않고 천천히 걸어갔는데 상부층으로 갈수록 화산재 성분이 많이 함유되어 있는 것은 갈수록 화산 폭발이 더 심해졌음을 의미한다. 이 공룡들은 지능이 낮았거나, 세상을 초월한 '안전 불감증'에 걸렸는지도 모른다.

　실제로 공룡들은 화산이 폭발할 때 어떤 반응을 보였을까? 우리가 직접 중생대로 돌아가지 않는 이상 확실히 이들의 행동을 알 수는 없겠지만, 유사한 현생 동물들을 관찰하면 추측이 가능하다. 오늘날의 동물들은 대개 화산 폭발이 일어나기 전에 주위 환경의 변화를 감지해 미리 도망치거나, 감지를 못 했더라도 화산 폭발 소리에 놀라 도망친다. 최근에 공룡 두개골을 컴퓨터 단층 촬영(CT 촬영)한 결과, 조각류에 속하는 오리주둥이 공룡인 하드로사우루스류(*Hadrosaurus*)는 후각과 청각이 뛰어났음이 밝혀졌다. 엄청난 화산 폭발음과 불의 냄새를 감지한 조각류 공룡들은 분명히 깜짝 놀라 이리저리 도망다녔을 것으로 추측된다.

하지만 하드로사우루스류 형태인 추도의 조각류 보행렬에서는 84미터 간격을 일정하게 유지한다. 당시 다른 지역의 공룡 보행렬과 비교해 보면 대부분의 공룡들은 주변 환경에 그렇게 민감하지 않았던 듯하다. 사실 이 보행렬이 지금의 바다 속으로 연결된 바람에 이 공룡들이 일정한 간격을 지속적으로 유지하면서 걸었는지 혹은 서서히 달리기 시작했는지는 알 수 없다. 이 조각류 공룡의 뒷이야기를 알기 위해서는 바다 속을 들여다보아야 하지 않을까?

이러한 보행렬들은 여수 추도 이외에도 경상남도 고성 제전 마을을 비롯한 곳곳에서 볼 수 있다. 우리나라에서 발견된 공룡 발자국 가운데서는 조각류 발자국 비율이 가장 높다. 완벽하게 1억 년 이상 잘 보존되었으니 그 중요성은 말할 나위가 없다.

4
-
공룡 속도 알아내기

짐승 '수(獸)' 자를 쓰는 수각류는 육식 공룡을 통칭한다. 세계 많은 어린이들의 우상이 된 티라노사우루스(*Tyrannosaurus*)나 영화에 점박이로 등장한 타르보사우루스(*Tarbosaurus*), 이들을 호시탐탐 노리는 벨로키랍토르(*Velociraptor*, 벨로시랩터)의 발 모양은 새의 발처럼 날카로운 삼지창 모양을 하고 있다. 가늘고 길게 뻗은 발가락에 발톱까지 남아 있기도 하다. 대개 육식 공룡 발가락은 뒤꿈치에 있는 발가락까지 합쳐 4개이지만 화석으로는 땅에 닿는 3개의 발가락만이 발자국 화석으로 보존된다. 우리나라에서는 중간 발가락 길이가 70센티미터가 넘은 대형 발자국에서부터 5센티미터도 안 되는 초미니 육식 공룡 발자국까지 다양하게 나타난다. 더군다나 그토록 단단한 암석 위에 판에 박은 듯이 정교하게 수천만 년 동안 잘 보존된 발자국들이 부지기수다. 이렇게 다양한 발자국이 발견된다는 것은 초식 공룡 못지않게 육식 공룡도 많이 살았다는 증거이다. 날로 고탄소화되어 가는 당시 한반도 대기 속에서 이들은 약육강식의 자연 법칙을 따르고 행동했는지 모른다.

우리는 이러한 육식 공룡 보행렬에서 공룡들의 이동 속도를 측정한다. 공룡들은 어떤 이유 때문에 달렸을까? 먹잇감을 사냥하기 위해, 더 큰 육식 공룡으로부터 도망치기 위해, 앞서가는 무리를 따라잡기 위해 등등 다양한 이유들이 있을 것이다. 그렇다면 공룡은 얼마나 빠른 속도로 달렸을까? 6500만 년 전에 멸종한 동물의 최고 속도를 알아내는 것은 매우 힘든 일이다. 일부 학자들은 공룡들의 골격 모양을 연구함으로써 공룡의 달리기 가능성을 추측하기도 한다. 일례로 목 긴 용각류 공룡의 발은 크고 무겁다. 발 구조로 보면 달리기보다는 서서히 걸을 수밖에 없었을 것이다. 용각류와 유사한 오늘날 코끼리와 비교해 보면 금방 알 수 있다. 우리나라에서 발견된 용각류 공룡들의 이동 속도는 시속 5킬로미터를 넘지 않는다.

우리나라는 공룡의 이동 속도를 알아내기에 세계에서 가장 좋은 장소일 것이다. 엉금엉금 기어 다녔던 흔적부터 총총걸음,

그리고 뛰어다닌 흔적까지 다양한 걸음걸이를 과학적으로 풀 수 있는 보행렬 화석지가 많다. 이 수각류 공룡들은 2족 보행을 하며 보폭이 커서 매우 민첩한 활동을 보였음을 알 수 있다. 대개 수각류의 발자국은 조각류나 용각류의 발자국에 비해 그 수가 5퍼센트 이내로 적은데 전라남도 화순 공룡 발자국 화석지에는 특이하게 1500여 개의 공룡 발자국 가운데 수각류의 발자국이 88퍼센트를 차지한다.

이곳에 나타나는 수각류 발자국은 크기와 형태에 따라 세 유형으로 나뉜다. 첫 번째는 조류의 발자국 같은 소형 발자국으로, 발가락 장축 길이가 16~20센티미터로 짧고 넓은 발가락 각도와 길쭉한 발가락 형태를 보이며, 코엘로사우루스(*Coelurosaurs*)나 마그노아비페스(*Magnoavipes*)의 발자국과 비슷하다. 두 번째는 중간 크기의 조류 발자국 같은 것으로, 첫 번째 발가락보다 약간 크고 좁은 발가락 각도(50~60도)와 굵은 발가락 형태를 보이며, 오르니토미무스(*ornithomimus*)나 치앙지푸스(*Xiangxipus*)의 발자국과 비슷하다. 세 번째는 대형 수각류 발자국으로, 발가락 장축 길이가 40센티미터 이상이고 발가락의 각도가 좁으며(약 50도) 이추키사우루푸스(*Itsukisauropus*)의 발자국과 비슷하다. 우리는 이러한 사실을 세계적 저널《백악기 연구(*Cretaceous Research*)》에서 밝했다. 아울러 전라남도 화순에서는 50미터가 넘는 육식 공룡 보행렬의 연구를 통해 공룡이 순간적으로 속도를 내는 공룡 가속도 이론을 세계 최초로 내놓았다. 이 논문은 목포 자연사 박물관에 근무하는 제자 김보성 박사와 함께 세계적인 지질학 전문 학술지인 《고지리, 고기후, 고생태(*Palaeogeography, Palaeoclimatology, Palaeoecology*)》(2011년)에 게재되었다. 이 이론은 미국 스미스소니언 박물관 블로그에 소개되기도 했다.

공룡 발자국은 '공룡은 무엇인가'가 아닌 '공룡이 무엇을 했는가'에 대해 알려 준다. 우리나라는 공룡들의 행동 양식을 알 수 있는 아주 중요한 교과서적 무대이다.

5

–

세상에서 가장 작은 발자국

몸길이 2미터의 벨로키랍토르 스무 마리가 몸집 10미터의 타르보사우루스 점박이를 공격한다. 작은 벨로키랍토르들은 점박이를 둥글게 에워싼다. 점박이가 거대한 입을 벌려 포효를 해 보지만 소용없다. 벨로키랍토르들은 점박이의 빈틈으로 들어가 날카로운 갈고리 발톱으로 녀석을 찌른다. 점박이는 자식들을 데리고 필사적으로 도망친다.

영화 「점박이, 한반도의 공룡」(2012년)의 한 장면이다. 실제로 벨로키랍토르 여러 마리가 타르보사우루스를 공격할 수 있었을까? 이 궁금증에 대한 해답은 오늘날의 생태계를 관찰해 보면 자연스럽게 알 수 있다. 오늘날의 야생 동물들을 보면 보통 소형 육식 동물들은 대형 육식 동물과 마주치면 줄행랑을 친다. 괜히 자신보다 큰 육식 동물에게 덤볐다가는 크게 다치거나, 심한 경우 목숨을 잃을 수도 있기 때문이다. 야생에는 아픈 동물들을 치료해 주는 의사나 병원이 존재하지 않는다. 그래서 동물들은 최대한 다치지 않는 방향으로 조심조심 행동한다. 먼 과거에 살던 육식 공룡도 마찬가지였을 것이다.

사자와 코끼리를 떠올려 보자. 사자들은 코끼리를 함부로 건드리지 않는다. 코끼리가 워낙 몸집이 크기 때문이다. 부딪치기만 해도 심한 부상을 입을 수가 있으므로 굳이 자신의 몸을 희생시키면서 공격할 필요가 없다. 이제 벨로키랍토르 스무 마리와 타르보사우루스가 만났다고 상상해 보자. 그 몸집 차이는 사자와 코끼리의 관계보다 훨씬 크다. 벨로키랍토르는 몸길이가 2미터 정도에 5살짜리 어린아이 키만 하다. 반면 타르보사우루스는 코끼리보다 조금 더 큰 대형 육식 공룡이다. 타르보사우루스를 올려다본 벨로키랍토르의 심정은 어떠했을까? 이 장면은 과학적 내용보다는 영화적 요소가 많이 더해졌다.

우리나라에서 발견된 다양한 발자국을 통해 우리는 벨로키랍토르에서부터 타르보사우루스까지 다양한 크기의 육식 공룡이 한반도에 서식했음을 알 수 있었다. 특히 경상남도 남해 창선 가인리에서는 세계에서 가장 작은 초소형 육식 공룡의 발자국이 발견되었다. 이는 연구를 거듭한 끝에 새로운 발자국 종류로 판명되어 '작은 공룡 발자국'을 뜻하는 미니사우리푸스(*Minisauripus*)라는 학명을 얻었다. 경상남도 남해 추도에서 발견된 드로마에오사우루스류(*Dromaeosaurus*)의 발자국 화석 드로마에오사우리푸스(*Dromaeosauripus*)에는 2개의 발가락 흔적만 보존되어 나타나기 때문에 다른 육식 공룡 발자국들과 쉽게 구분된다. 드로마에오사우리푸스가 이렇게 특이한 이유는 이 발자국을 남긴 주인공이 독특한 형태의 발 구조를 가졌기 때문이다. 쥐라기 후기에 처음 등장했을 것으로 추정되는 드로마에오사우루스류에는 널리 알려진 데이노니쿠스(*Deinonychus*)와 벨로키랍토르가 포함된다.

모든 드로마에오사우루스류는 두 번째 발가락에 거대한 발톱이 났다. 이 거대한 발톱의 용도에 대해서는 학자들 사이에서 이견이 많다. 살코기를 잘랐을 것이라는 주장과 먹잇감의 목을 찌르기 위해 사용했다는 주장, 동족들끼리 싸울 때 사용했을 것이라는 주장 등 다양하지만 드로마에오사우루스류가 이 발톱을 매우 중요한 용도에 사용했다는 점은 확실하다. 이 중요한 용도에 사용된 발톱이 땅에 닿아 부러지지 않게 두 번째 발가락을 들고 걸었으므로 2개의 발가락 흔적만을 볼 수 있는 것이다. 드로마에오사우리푸스는 한국 교원 대학교 김정률 교수팀과 진주 교육 대학교 김경수 교수, 미국 콜로라도 대학교 마틴 록클리 교수 등이 함께 만들어 낸 작품이다. 드로마에오사우리푸스는 지금까지 알려지지 않은 새로운 유형의 발자국이기 때문이다.

최근 연구에 따르면 드로마에오사우루스류가 깃털로 덮여 있었을 것이라고 한다. 온몸이 복슬복슬한 작은 육식 공룡이 발톱을 들고 살금살금 조심스럽게 걸어가는 모습을 상상할 때마다 웃음이 나는 것은 직업병인가 보다.

그림 1-1 세계적으로 희귀한 대형 공룡 발자국
(해남 우항리)

그림 1-2 1996년 8월 해남 우항리 발굴 현장에서
맨 처음 발굴된 대형 공룡 발자국

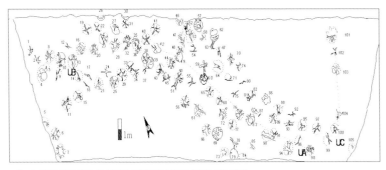

그림 1-3 대형 공룡 발자국 보행렬 도면(해남 우항리)(황구근 박사)

그림 2-1 공룡 발자국을 담고 있는 해안 퇴적층(여수 추도)

그림 2-1 수각류, 조각류, 용각류 발자국의 비교

(1)수각류(경상남도 고성)

(2)조각류(경상남도 고성 상족암

(3)용각류(마산 호계리)

그림 3-1 84미터에 이르는 세계에서 가장 긴 것으로 추정되는 조각류 발자국 보행렬(여수 추도)

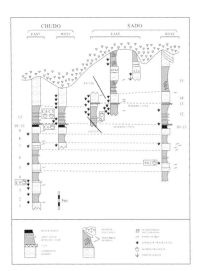

그림 3-2 사도, 추도 퇴적층 주상도

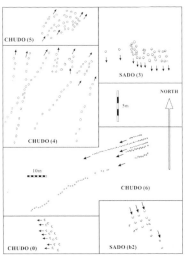

그림 3-3 사도와 추도의 다양한 공룡 발자국 보행렬 도면

그림 3-4 바다로 이어지는 조각류 보행렬(경상남도 고성 제전 마을)

그림 4-1 공룡 발자국 화석 산지(전라남도 화순 서유리)

그림 4-2 수각류 발자국(전라남도 화순 서유리)

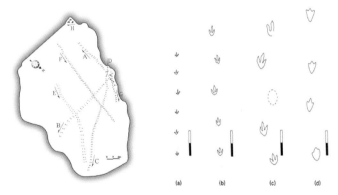

그림 4-3 전라남도 화순 수각류 발자국 보행렬 모식도(왼쪽: 수각류 발자국 보행렬 모식도(L1층), 오른쪽: 다양한 모양의 수각류 발자국 타입. (a) 조류의 발자국 같은 소형 수각류 발자국, (b) 중간 크기의 조류 발자국 같은 수각류 발자국, (c) 대형 수각류 발자국, (d) 해남의 수각류 발자국)

그림 4-4 중형 육식공룡 수각류의 일직선 걸음(전라남도 화순 서유리)

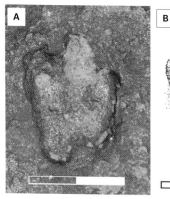

그림 5-1 미니사우리푸스 발자국 화석(A: 중국 사천성, B: 한국 경상남도 남해 창선)

그림 5-2 드로마에오사우리푸스 함안엔시스(경상남도 남해)

그림 5-3 소형 수각류 보행렬(전라남도 화순 서유리)

그림 6-1 대형 용각류 발자국(전라남도 화순 서유리)

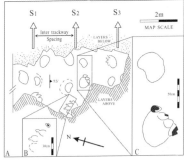

그림 6-4 특이한 용각류 발자국 도면(전라남도 여수 사도)

그림 6-2 용각류 발자국 보행렬(경상남도 고성 동해면)

그림 6-3 다양한 크기의 용각류 보행렬(경상남도 고성 상족암)

그림 7-1 발자국 주인을 알 수 없는 희귀한 발자국 보행렬(경상남도 고성 향로봉 일대)

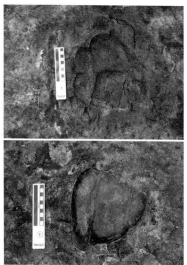

그림 7-2 수수께끼의 발자국(경상남도 고성 향로봉 일대)

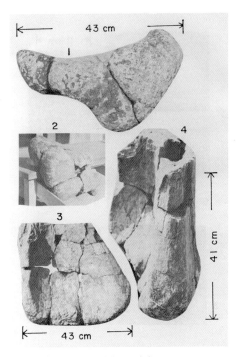

그림 8-1 용각류 뼈 화석(경상북도 의성)

그림 8-2 경상북도 의성군 탑리 화석 산지 전경

그림 9-1 한국에서 발견된 코리아노사우루스 뼈 화석 발견 당시 모습(전라남도 보성 비봉리)

그림 9-2 코리아노사우루스 보성엔시스 복원 모형

경추(목뼈)

등추와 늑골
(등뼈와 갈비뼈)

오른쪽
오훼골+견갑골

왼쪽 견갑골

오른쪽 대퇴골
(허벅지뼈)

미추(꼬리뼈)

장골(일부분)

왼쪽
대퇴골

오훼골

상완골
(윗팔뼈)

천추
(허리뼈)

왼쪽 경골,
비골, 증족골과
지골(아랫다리뼈,
발바닥, 발가락 뼈)

척골

요골

오른쪽 경골의
(아랫다리뼈)
윗부분

흉판(가슴판)

그림 9-3 발굴 복원된 코리아노사우루스 보성엔시스 각 부위별 뼈 화석 모식도

그림 10-1 화석 산지 발굴 현장(경상남도 하동)

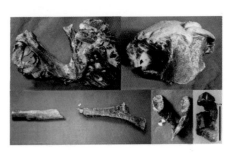

그림 10-2 부경고사우루스 뼈 화석들(부경 대학교 백인성 교수)

그림 11-1 코리아케라톱스 뼈 화석(경기도 화성)

그림 11-2 코리아케라톱스 복원도

그림 12-1 경상남도 진주 유수리 화석 산지 전경

그림 12-2 용각류 지골로 추정되는 뼈 화석(경상
남도 진주 유수리)

그림 12-3 공룡 갈비뼈(늑골)로 추정되는 뼈 화석
(경상남도 합천)

그림 12-4 용각류 대퇴골 일부로 추정되는 공룡 뼈
화석(전라남도 구례)

그림 12-5 각룡류의 턱뼈 화석(경상남도 고성)(부
경 대학교 김현주 박사)

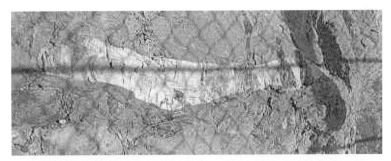

그림 13-1 고속도로 산사면에 노출되어 석고로 발라진 용각류 어깨뼈로 추정되는 뼈 화석(경상북도 의성)

그림 13-2 공룡 뼈 화석 조각(전라남도 구례)

그림 13-3 공룡 뼈 화석 산지(전라남도 여수)

그림 14-1 경상남도 하동에서 최초로 발견된 공룡 알껍데기 화석

그림 14-2 발굴 복원되어 천연기념물로 지정되어 있는 공룡알 화석(전라남도 보성)

그림 14-3 공룡알 둥지(경기도 화성)

그림 15-1 압해도 공룡알 발굴 현장(A: 발굴 현장, B: 발굴되기 전 공룡알, C: 발굴 장면, D: 발굴되어 이동을 위해 석고로 감싸고 있는 공룡알 둥지, E: 화석 처리를 위해 크레인을 이용하여 박물관으로 옮겨지고 있는 공룡알 둥지, F: 공룡알들을 퇴적층으로부터 노출시키고 있는 화석 처리 장면)(목포 자연사 박물관 김보성 박사)

6

-

한반도의 쥐라기

그랜트 박사는 주위를 둘러보다 깜짝 놀라 선글라스를 벗고 자리에서 일어난다. 세틀러 박사 또한 믿을 수 없다는 표정을 지으며 일어난다. 거대한 브라키오사우루스 한 마리가 차 옆을 지나간다. "세상에 공룡이야…." 거대한 브라키오사우루스는 긴 목을 세워 나뭇잎을 따먹기 시작한다. "세틀러 박사님, 그랜트 박사님. 쥐라기 공원에 오신 것을 환영합니다!"

영화 「쥐라기 공원(Jurassic Park)」(1993년)의 한 장면이다. 주인공 일행이 처음 마주치는 공룡이 바로 브라키오사우루스(*Brachiosaurus*)다. 브라키오사우루스는 쥐라기 북아메리카 지역에 살았던 초대형 초식 공룡으로, 위로 뻗은 긴 목이 특징이다. 이

브라키오사우루스처럼 나뭇잎을 뜯어 먹는 목이 긴 공룡들을 용각류라고 부른다.

용각류는 사상 최대의 육상 동물이다. 현재까지 발견된 모든 화석 동물군 중에서 가장 크며, 지구상에 살고 있는 모든 육상 동물들을 통틀어도 이보다 큰 동물은 발견되지 않았다. 용각류는 어떤 동물인가? 용각류는 약 2억 2000만 년 전 트라이아스기 후기에 등장해, 6500만 년 전의 백악기 말 대멸종 때 지구상에서 자취를 감추었다. 우리에게 익숙한 아파토사우루스(*Apatosaurus*)나 브라키오사우루스, 디플로도쿠스(*Diplodocus*)는 쥐라기 후기(약 1억 6100만 년 전~1억 4600만 년 전) 북아메리카 지역에 살았던 용각류 공룡들이다. 모두 긴 목과 꼬리, 드럼통 같은 몸, 몸에 비해 아주 작은 머리가 특징인 초식 공룡이다. 이들은 긴 목을 늘여 나무같이 커진 고사리와 남양삼나무의 잎 등을 주로 먹었다.

용각류가 가장 번성했던 시기는 쥐라기 후기이다. 이때는 모든 대륙에서 다양한 종류의 용각류 공룡들이 살았다. 그만큼 쥐라기 시대는 이들이 먹고 살기에 최고의 낙원이었던 셈이다. 하지만 백악기로 접어들자 용각류의 수는 급격하게 줄었으며, 백악기가 끝나갈 무렵에는 찾아보기가 힘들어졌다. 이유에 대해 가장 설득력이 있는 설명은 바로 환경 변화이다. 쥐라기 말과 백악기 초에 서식했던 초식 공룡들은 큰 차이를 보인다. 북아메리카 대륙의 후기 쥐라기 지층에서는 카마라사우루스(*Camarasaurus*), 디플로도쿠스, 아파토사우루스와 같은 용각류 공룡들과 스테고사우루스(*Stegosaurus*)와 같은 검룡류(劍竜類) 공룡들이 주로 살았다. 하지만 쥐라기 이후 백악기 전기 지층에서는 용각류나 검룡류를 거의 찾아보기 힘들며, 오히려 테논토사우루스(*Tenontosaurus*)와 같은 조각류와 가스토니아(*Gastonia*)와 같은 곡룡류(曲竜類, 갑옷 공룡)가 등장한다.

쥐라기 후기 때 키 작은 식물들을 섭취한 스테고사우루스부터 나무 꼭대기의 잎사귀를 뜯어 먹던 용각류 공룡들까지 모두 절멸의 위기에 처할 정도로 큰 타격을 받았다는 것은 이들이 먹고 살았던 당시의 모든 식물상이 변했다는 뜻이며, 그러한 대규모 식물상의 변화는 곧바로 당시의 기후 변화를 의미한다. 기후의 변화는 대륙들 간의 이동에 다른 분포 변화와 관련 있다. 재미있는 사실은 이러한 초식 공룡들의 대변화가 바로 육식 공룡들에게도 큰 영향을 미쳤다는 점이다. 쥐라기 시대 최고 포식자로 군림했던 알로사우루스(*Allosaurus*) 같은 카르노사우루스류(*Carnosauria*) 공룡들은 백악기로 접어들면서 이들이 주로 사냥했던 용각류 공룡들의 수가 줄어들자 개체수가 크게 감소하는 경향을 보인다. 이들이 쇠퇴하면서 용각류보다는 조각류나 곡룡류, 각룡류(角竜類, 뿔 공룡)를 사냥하는 데 적합한 몸 구조를 가진 티라노사우루스류와 드로마에오사우루스류가 북반구의 새 주인으로 등장하게 된 것이다. 남반구에서는 아벨리사우루스류(*Abelisaurus*)가 자리를 이어받았다.

이렇듯 전 세계적으로 볼 때 백악기는 용각류 공룡들이 점점 쇠퇴하는 시기였다. 하지만 우리나라만큼은 예외였던 것으로 보인다. 경상남도 창녕, 고성, 마산, 전라남도 해남, 화순 등지에서 수많은 용각류 발자국 화석들이 발견되었고, 전라남도 보성에는 용각류 공룡알들이, 경상남도 진주시 내동면 유수리 부근의 하산동층에서는 용각류의 것으로 추정되는 이빨 3개가 발견되었으며, 이어서 경상남도 사천에서 티타노사우루스류(*Titanosauria*)의 이빨이 발견되었다. 2000년에는 한반도의 대표적인 목 긴 공룡 부경고사우루스(*Pukyongosaurus*)의 골격 화석이 발견되었다. 이러한 발견들은 백악기 시대임에도 우리나라에서는 한 종류도 아니고 매우 다양한 종류의 용각류 공룡들이 서식했음을 보여 준다. 이웃한 중국에서는 많은 종류의 용각류 공룡들이 주로 쥐라기 시대에서 나왔음을 볼 때 한반도는 마지막 공룡 시대인 백악기 최후의 천국이었던 것 같다.

백악기 한반도는 공룡이 살기에 제일 적합한 환경이었음이 틀림없다. 급격한 환경 변화로 적응이 힘들었던 용각류 공룡들이 자신들에 알맞은 식생과 번식지를 찾으러 이동을 했을 것이며, 이들이 도착한 마지막 장소가 한반도였다는 것이다. 우리나라에는 이 용각류 공룡들뿐만 아니라 조각류 공룡들, 수각류 공룡들과 더불어 다양한 종류의 새, 익룡, 악어, 도마뱀, 거북, 어류, 곤충, 그 밖의 연체동물이 같은 환경을 공유했으며, 여기에 서식하는 다양한 식물들은 주변에 흩어져 살고 있었던 공룡들이나 익룡들을 불러 모으기에 충분했다.

용각류의 흔적 중 우리나라에서 가장 많이 발견되는 것은 당연히 용각류 발자국 화석이다. 용각류 발자국은 대부분 남해안 지역에서 발견되며, 이들이 발견된 지역은 대부분 백악기 후기 지층이다. 진동층에서 발견된 용각류의 발자국 길이는 20센티미터에서 1미터가 넘는 초대형까지 다양하다. 발자국의 앞발과 뒷발의 위치와 비율, 그리고 크기는 백악기 동안 우리나라에 여러 종류의 용각류 공룡들이 생존했음을 말해 준다. 용각류의 발자국은 앞발과 뒷발 모양이 서로 다르다. 이는 앞발과 뒷발의 모양이 똑같은 오늘날의 코끼리와 구분된다. 특히 용각류의 앞발자국은 두루뭉술한 초승달 모양이다. 용각류 앞발은 둥글며 발자국들은 대개 초승달 모양으로 보존된다. 용각류의 앞발가락 가운데 두 번째에서 네 번째 발가락까지 서로 붙어 있어 용각류 공룡이 걸을 때 서로 붙어 있는 뭉툭한 발가락 끝을 세우기 때문에 나타나는 모양이다. 몸무게를 효과적으로 지탱하기 위한 신체 구조 때문인 것으로 보인다. 뒷발자국의 경우 앞부분이 납작한 타원형 모양이다.

가끔 일반적인 용각류 발자국과 다른 형태를 보이는 발자국들이 발견되는 경우도 있다. 경상남도 창녕군 도천리에서는 용각류 공룡 열 마리가 남긴 보행렬 화석이 발견되었다. 보행렬을 이루고 있는 공룡 발자국들은 지금까지 보고된 용각류 발자국과 다른 매우 특이한 형태로 존재했다. 잘 보존된 앞발자국은 발가락과 발톱 자국이 확실히 나타나 있었다. 첫 번째 발가락 자국은 앞을 향해 있고 나머지 발가락은 밖으로 향해 있다. 이 발견은 용각류의 앞발이 두 번째 발가락부터 네 번째 발가락까지 한 묶음으로 되어 있다는 지금까지의 고정관념을 깨는 새로운 발견이었다. 이를 통해 몇몇 용각류 공룡들의 앞발가락이 돌출되어 있었다는 사실을 알 수 있었다.

한편 모습과 크기가 다양한 용각류 공룡들이 우리나라에 서식했다는 사실은 당시에 크기가 다양한 식물들이 존재했음을 의미한다. 최근 연구에 따르면 용각류는 종류에 따라 목을 들 수 있는 각도가 달랐다고 한다. 용각류 종류마다 먹었던 식물의 종류와 크기가 달랐다고 해석해 볼 수 있다. 여러 종류의 용각류 공룡들이 서로 다른 종류, 다른 크기의 식물들을 섭취한 것은 먹이 경쟁을 피하기 위해서일 것이다. 목을 수평으로 유지시키는 용각류 공룡들은 낮은 초목을, 목을 어깨 위로 높이 들 수 있었던 용각류 공룡들은 기린처럼 나무 꼭대기의 잎사귀들을 뜯어 먹었을 것이다. 8000만 년 전 공룡들은 남의 밥그릇을 넘보지 않았던 모양이다.

7

-

발자국 화석의 수수께끼

"발자국으로 납치범이 누군지 어떻게 알아?"

"바닥을 잘 보라고. 남자애를 범인 앞에 걷게 했어. 발끝으로 걸었네. 불안했다는 뜻이지. 아마 머리에 총을 겨눴을 거야. 여자애는 범인 옆에서 질질 끌려갔어. 왼쪽 팔을 여자애 목에 둘렀군."

"여기서부터는 흔적이 없어, 홈즈. 결국 아무것도 모르겠군."

"자네 말이 맞아, 앤더슨. 아무것도 모르지. 범인의 신발 크기랑 키, 걸음걸이, 걷는 속도만 빼고 말이야."

"대단해, 셜록!"

영국 드라마 「셜록(Sherlock)」의 한 장면이다. 명탐정 셜록 홈즈는 범인의 발자국과 발자국에 남겨진 백악질 점토, 아스팔트 가루, 벽돌 가루, 식물 조각을 이용해 납치된 아이들을 찾아낸다. 하지만 셜록 홈즈도 골탕 먹을 법한 발자국들이 우리나라의 남해안에서 발견된다.

과거 공룡들의 무도장이나 다름없었던 우리나라 남해안 지역에서는 목이 긴 거대한 공룡인 용각류, 두 다리로 걷는 초식 공룡인 조각류, 무시무시한 육식 공룡인 수각류의 발자국이 발견되었으며, 이 발자국들은 서로 구분이 쉬울 정도로 특징들이 잘 나타나 있다. 하지만 간혹 이것들과 다른 발자국 화석들이 발견돼 학자들을 골치 아프게 만든다. 고성군 상리면 향로봉 주변에서 발견된 아주 괴상하게 생긴 공룡 발자국 화석이 대표적이라 할 수 있겠다. 그 모양은 전체적으로 둥근 형태라 용각류의 것과 비슷하지만 발가락 구조는 조각류나 수각류의 것처럼 3개의 발가락이 관찰된다. 지금까지 발견된 그 어떤 공룡 발자국과 일치하지 않는다. 이 발자국 화석은 무엇을 의미하는가?

생물이 화석이 될 확률은 0.0001퍼센트도 안 된다. 어떤 생물이 죽어서 화석이 된다는 것은 기적과도 같은 일이다. 화석이 되기 위한 환경 조건 등이 딱 맞아떨어지고 화석이 된다 하더라도 땅속에서 세균 같은 미생물로부터 보호되어야 한다. 또한 지하수, 마그마 등과 같은 여러 가지 요소들을 만나 손상되어 없어질 수도 있다. 잘 보존된 상태의 화석이 밖에 노출되면 누군가 발견할 수도 있겠지만, 제때 발견되지 못하고 풍화 작용으로 인해 가루가 되어 버릴 수도 있다. 발견되어도 관리를 잘못하거나, 잃어버릴 경우에는 화석으로 보존되어 온 시간이 물거품이 되어 버린다. 현재 박물관이나 개인 소장품으로 볼 수 있는 수많은 화석들은 사실 매우 운이 좋아서 남아 있는 경우라고 할 수 있다.

이렇게 생물이 화석으로 보존되어 발견될 확률이 매우 적다는 것은 또 다른 의미를 가진다. 발견된 화석이 당시의 생태계 전체를 대변할 수 없다는 것이다. 화석화 작용은 매우 제한된 장소에서만 이루어지며, 우리가 발견한 화석 생물들은 주로 강이나 호수 근처, 바닷가 등 퇴적 작용이 이루어지는 장소에서 서식했던 생물들이기 때문이다. 실제로 우리가 발견한 화석 생물 종들은 당시에 생존했던 생물종의 1퍼센트도 안 될 것이다.

주인을 알 수 없는 수수께끼의 고성 향로봉 일대 공룡 발자국은 언제쯤 풀 수 있을까? 공룡이 아닌 악어나 다른 중생대의 대형 동물일 수도 있다. 어쩌면 이 발자국에 대해 영영 해석하지 못할지도 모른다. 하지만 전혀 실망할 필요가 없다. 영원히 알 수 없는 존재를 누구나 상상하고 연구하는 것이야말로 공룡 연구의 매력이기 때문이다.

8

-

울트라사우루스의 운명

같은 종류의 공룡 두 마리를 발견하고는 서로 다른 학명을 붙이거나, 서로 다른 공룡을 발견하고는 같은 학명을 붙여 주는 경우가 종종 있다. 같은 공룡인데 학명이 서로 다르거나, 다른 공룡인데 학명이 같으면 과학자들끼리의 의사소통이 힘들어진다. 이러한 경우를 대비한 것이 '선취권의 법칙(Principle of Priority)'이다. 쉽게 말해서 먼저 주어진 학명이 유효하다는 것이다.

대표적인 사례로는 유명한 브론토사우루스(*Brontosaurus*)와 아파토사우루스가 있다. 미국의 유명한 고생물학자였던 오스니엘 찰스 마쉬(Othniel Charles Marsh)는 같은 용각류 공룡 두 마리를 발견했다. 먼저 발견한 공룡을 '속이는 도마뱀'이라는 뜻의 아파토사우루스, 나중에 발견한 공룡을 '천둥 도마뱀'이라는 뜻의 브론토사우루스라고 지어 주었다. 하지만 훗날 학자들은 그의 잘못을 알아냈으며, 현재는 브론토사우루스라는 학명이 사용되지 않는다.

경우에 따라 먼저 붙여 준 학명 때문에 골치 아픈 경우도 있다. 미국의 고생물학자인 리처드 할랜(Richard Harlan)은 등뼈 화석 하나를 발견해 이것을 '황제 도마뱀'을 의미하는 바실로사우루스(*Basilosaurus*)라는 학명을 지어 주었다. 당시 리처드는 이 등뼈 화석의 주인공이 거대한 바다뱀인 줄 알았기 때문이다. 하지만 나중에 영국의 해부학자 리처드 오언(Richard Owen)이 바실로사우루스가 실제로는 고래임을 알아냈다. 그래서 그는 이 동물의 특징에 알맞게 '이어붙인 이빨'이라는 뜻의 제우클로돈(Zeuglodon)이라 이름을 다시 붙여 주었다. 하지만 선취권의 원리에 따라 지금까지도 이 고래 화석은 바실로사우루스라 불리고 있다. 결국 이 고래는 영원히 이름이 '도마뱀'인 것이다.

학명과 관련된 에피소드로는 우리나라도 예외는 아니다. 바로 우리나라에서 최초로 발견된 공룡 뼈 화석, 울트라사우루스(*Ultrasaurus*)를 보자. 1970년대에 아주 중요한 사건이 일어난다. 우리나라에서 처음으로 공룡 뼈 화석이 발견된 것이다. 재밌게도 우리나라 최초의 공룡 뼈 화석은 두 번 발견되었다. 어떻게 하나의 뼈 화석이 두 번 발견될 수 있다는 말인가? 1973년 서울 대학교 대학원생이던 김항묵 교수(전 부산 대학교 교수)는 경상북도 의성군 탑리(지금의 청로리) 일대를 조사하다 불완전하지만 거대한 공룡 뼈 하나를 발견했다. 당시 김항묵 교수는 뼈를 발굴하지 않고 집으로 돌아갔지만, 약 4년이 지난 1977년 4월에 경북 대학교 장기홍 교수팀이 지질 조사를 하던 중 재발견하게 되어 신문에 보도했다. 결국 우리나라 최초의 공룡 뼈 화석을 서로 다른 두 사람이 시기를 달리해 발견한 셈이다.

최초로 발견된 이 뼈 화석은 약 1억 년 전 중생대 백악기 전기에 해당하는 지층인 후평동층에서 발견되었다. 화석을 처음 발견한 김항묵 교수는 1980년대에 이곳에서 공룡의 갈비뼈 화석을 추가로 발견했으며, 두 공룡 뼈 화석이 같은 계곡에서 나왔다고 해서 발견된 지역을 '공룡 계곡'이라 불렀다. 김항묵 교수는 발견된 뼈를 공룡의 팔꿈치 뼈(척골)라고 보고, 이 공룡의 크기가 엄청났을 것이라 생각해 '탑리에서 발견된 초대형 도마뱀'이라는 뜻의 '울트라사우루스 탑리엔시스(Ultrasaurus tabriensis)'라는 학명을 붙여 주었다.

비슷한 시기 고생물학자 제임스 앨빈 젠센(James Alvin Jensen)이 미국에서 초대형 용각류의 골격 화석을 발견했다. 그 또한 이 공룡에게 '초대형 도마뱀'이라는 뜻의 '울트라사우루스'라는 학명을 붙여 주었다. 결국 서로 다른 공룡 두 마리가 같은 이름을 가지게 된 것이다. 하지만 선취권의 원리에 따라 '울트라사우루스'라는 학명을 사용할 수 있는 것은 김항묵 교수의 공룡이었다. 젠센보다 2년 먼저 발표했기 때문이다. 결국 젠센은 자신의 공룡에게 '~사우루스(-saurus)'의 'u'를 'o'로 수정한 '울트라사우로스 매킨토시(Ultrasauros macintoshi)'라는 학명을 부여했다. 김항묵 교수가 승리한 것이다.

하지만 울트라사우루스의 뼈를 재조사한 결과, 팔꿈치 뼈가 아닌 위팔 뼈(상완골)임이 밝혀졌다. 이를 바탕으로 울트라사우루스의 크기를 다시 복원하자 이전에 생각했던 크기보다 훨씬 작은 공룡이 나와 버렸다. 더 나아가 학자들은 이 골격 화석 자체가 너무나 불완전해 새로운 공룡 종으로 보기 어렵다고 결론지어, 결국 울트라사우루스라는 학명은 무효가 되었다. 더 재밌는 사실은 '울트라사우로스' 학명 또한 무효가 되었다는 것이다. 젠센의 '울트라사우로스'가 슈퍼사우루스(Supersaurus)와 브라키오사우루스의 뼈들이 섞인 것으로 밝혀졌기 때문이다. 따라서 '울트라사우로스 매킨토시'라는 학명 또한 공식적으로 소멸되어 쓰이지 않게 되었다. 결국 울트라사우루스는 두 번 죽은 꼴이 되어 버렸다.

아쉽게도 의성 공룡 뼈는 학계에서 공식적인 학명을 얻는 데 실패했다. 하지만 우리나라에서 최초로 산출된 공룡 뼈 화석이었고, 국내 공룡 골격 화석 연구의 첫 등불을 밝혔다는 점에서 매우 의미 있는 발견이었다고 볼 수 있다.

9

-

한반도 최초의 완벽한 공룡 뼈 화석

전라남도 보성군 득량면 비봉리 선소마을 해안가 일대에 위치한 공룡알 화석지는 1999년 처음 알려진 이후로 우리나라의 대표적인 공룡알 화석 산지로 유명해졌다. 무엇보다 온전한 상태의 알 및 알둥지 화석들이 발견됨에 따라 혹시라도 공룡의 배아 혹은 어린 공룡의 골격 화석에 대한 기대감이 생길 수밖에 없었다. 전남 대학교 한국공룡연구센터 팀은 이 공룡알 화석지에서 온전한 공룡 뼈나 새끼 공룡의 흔적을 찾기 위한 끊임없는 야외조사 및 발굴 작업 중 2003년 5월에 처음으로 골격 화석의 흔적을 발견했다. 생각보다 발굴 작업에 진척이 없어 잠시 휴식을 취하던 연구원들과 학생들 눈에 우연히 뼈처럼 보이는 물체가 포착된 것이다. 물론 그 순간에는 뼈라는 것을 바로 인식하지는 못했지만 그동안 계속 발굴해 오던 알 화석들과는 현저한 차이가 있고 또한 단순히 암석에서 나타나는 표면 무늬 혹은 그 일대 암석 기저 부위에서 흔히 나오는 석회질 결핵체로 보이지는 않아서 정체를 알아 가는 작업에 조심스럽게 착수했다. 골격 화석이라는 확신이 서자 바로 본격적인 발굴 작업에 들어가게 되었고 모처럼 현장에서 일하는 사람들에게 큰 활력소가 되었다.

보성 화석지의 암석들이 워낙 단단하기로 악명 높기 때문에 현장에서 골격 화석들이 내포된 암석 덩어리들을 떼어 내고 석고로 보호 처리를 완료한 후 운반을 위해 중장비를 동원하는 등 연구 센터까지 옮기는 데 적지 않은 시간이 걸렸다. 하지만 문제는 그 후부터였다. 본격적 암석 제거 작업과 골격 화석의 구체적인 연구를 위한 과정이 예상보다 너무 오래 걸렸다. 그동안 오랜 기간의 야외 조사, 발굴 및 실내 작업과 연구 경험이 풍부한 연구진, 기본 시설까지 고루 갖춘 좋은 조건에 있었음에도 불구하고 골격들의 모습을 드러나게 하고 정체를 밝히는 데 다시 5년 이상 걸렸다. 심지어는 이 골격 화석을 정확히 연구하기 위해 당시 석사 과정 학생이었던 이대길 군(현 한국 석유 공사)이 뼈 화석을 들고 영국 케임브리지 대학교에 가서 데이비드 노만(David Norman) 교수의 지도를 받기도 했다.

공룡 골격 준비와 연구는 많은 사람들을 거쳤다. 벨기에 자연사 박물관 파스칼 고디프로이트(Pascal Godefroit) 같은 해외 유명 학자들도 연구에 참여했다. 처음 발견된 지 6년이 지난 2009년에 국제 학술지에 논문을 투고했고 2010년 하반기에 온라인으로 공개했으며, 2011년 초 300년 전통의 독일 지질학 학술지《*Neues Jahrbuch für Geologie und Palaontologie*》에 논문으로 출간했다. 이렇게 해서 전 세계 최초로 한국 국명이 공식적으로 붙고, 발견 지역인 보성을 의미하는 종명이 명명된 한국 토종 공룡 '코리아노사우루스 보성엔시스(*Koreanosaurus boseongensis*)'가 국제 무대에 이름을 올리게 되었다.

이후 실물 크기로 코리아노사우루스를 복원하는 데 성공해 실물이 공개되었다. 코리아노사우루스는 전체적으로 백악기 초 유럽에서 발견된 힙실로포돈(*Hypsilophodon*)과 유사한 형태를 보이지만, 독립된 종류로 볼 만한 차이점이 충분하다. 힙실로포돈과 같은 원시 형태의 조각류 공룡들에 대한 구체적인 연구가 전 세계적으로 아직 미비한 상태라 코리아노사우루스는 원시 조각류 공룡들의 진화와 분포에 대한 실마리를 풀어 주는 좋은 증거물이라 할 수 있다.

이 공룡의 가장 큰 특징은 바로 크게 잘 발달된 견갑대와 앞다리 구조이다. 어깨뼈(견갑골), 윗팔 뼈(상완골)의 길이가 허벅지 뼈(대퇴골)보다 긴데, 이는 매우 중요한 고유 특성이다. 화석 기록에서 브라키오사우루스류에 속하는 용각류 공룡들을 제외하고는 상완골과 견갑골이 대퇴골보다 길이가 긴 경우는 매우 드물기 때문이다. 따라서 2족 보행에 빠른 속도로 달리기 적합한 구조를 가진 다른 원시 조각류 공룡들과 달리 코리아노사우루스는 주로 4족 보행을 하던 공룡으로 여겨지는데, 빠른 이동을 하기에는 그리 적합한 구조를 갖추고 있지 못했다. 따라서 이 공룡이 위급 시 발달된 앞다리를 적극적으로 활용해 땅을 파던 습성이 있지 않았을까 예상하게 되었다. 실제로 유사한 공룡 중 하나인 백악기 후기에 북아메리카 대륙에 서식하던 오릭토드로메우스(*Oryctodromeus*)의 경우 실제 땅굴을 파서 굴 내에서 서식하던 공룡으로 밝혀졌다. 체구가 작거나 알이나 새끼들이 딸린 상태에서는 위험을 피할 수 있는 가장 좋은 방법이 바로 안전한 은신처를 마련해 숨어 들어가는 전략일 것이다.

코리아노사우루스의 화석은 지금까지 한 마리만 발견되었기 때문에 이 공룡이 무리 생활을 했는지, 아니면 단독 생활을 했는지는 알 수 없다. 하지만 가족을 이루었을 가능성은 충분히 있다고 본다. 미국의 쥐라기 지층에서는 조각류 공룡들이 가족을 이루었을 것으로 여겨지는 화석이 발견되었기 때문이다. 성체와 새끼 공룡 모두 한 방향을 바라보며 땅굴 속에 매몰된 화석이 발견된 것이다. 정확한 사실 확인을 위해서는 더 많은 코리아노사우루스의 화석을 찾아보는 수밖에 없다.

코리아노사우루스의 가장 큰 아쉬움은 바로 두개골이 발견되지 않았다는 것이다. 하지만 코리아노사우루스의 친척뻘 공룡인 힙실로포돈 두개골은 발견되었다. 힙실로포돈의 경우 양의 머리를 닮은 머리에 큰 눈을 가지고 있어 후각보다는 시각에 의존했을 것으로 보인다. 부리처럼 생긴 주둥이로 질긴 가지를 물어뜯어 머리뼈 뒤쪽에 나 있는 짧은 이빨로 씹어 먹었다. 코리아노사우루스는 힙실로포돈과 매우 유사하기 때문에 머리 또한 비슷했을 것으로 생각된다. 코리아노사우루스의 가장 큰 가치는 바로 '한국의 도마뱀(한국룡)'이라는 이름에 있다. 속명이 지금까지 한국에서 가장 보존 상태가 온전하고, 유명한 알 화석지에서 발견되었으며, 상당히 독특한 고유 특성들이 잘 발달되었다는 점에서 그 중요성을 입증하는 데 부족함이 없는 공룡이다.

10

-

부경고사우루스 밀레니움아이

부경 대학교 백인성 교수 팀은 2000년 2월 경상남도 하동군 금성면 갈사리 앞바다에 있는 돌섬에서 뼈 화석 여러 개를 발견했다. 중국의 대표적인 공룡 전문가인 동지밍(董枝明) 교수를 초청해 함께 연구한 결과 이 화석들이 새로운 종의 용각류 공룡일 가능성이 높다고 판단해서, '부경고사우루스 밀레니움아이(*Pukyongosaurus millenniumi*)'라는 새로운 학명을 부여했다. 부경고사우루스 밀레니움아이의 속명은 화석을 발견한 '부경 대학교'를, 종명은 이 화석의 발견 보고 시기가 2000년임을 감안해 '새 천년(millenniumi)'을 의미하며, 우리말 표기 방식으로는 '천년부경룡'이다. 학계에서 공식적으로 학명을 부여한 최초의 한반도 공룡인 것이다.

처음 발견되었을 때 부경고사우루스 뼈 화석의 색은 전반적으로 흑색을 띠는 것이 특징이고 뼈가 많이 손상되어 있었다. 전반적으로 뼈가 발견된 장소 남쪽에서 목뼈들이 나왔고, 북쪽에서 몸통과 꼬리에 해당되는 뼈들이 주를 이루었다. 또한 뼈의 상태와 뼈가 발견된 장소의 특징, 뼈 화석과 함께 발견된 위석으로 생각되는 둥글고 매끄러운 돌들을 바탕으로 부경고사우루스가 죽은 그 자리에서 묻혔을 가능성이 높다고 보고 있다.

부경고사우루스는 원시 형태의 용각류에 속하는 대형 초식 공룡이다. 비록 척추뼈와 갈비뼈 등 일부분만 발견되었지만 이 공룡은 전체 길이 약 15미터, 최대 20미터로 추측되는 중대형 용각류 공룡으로, 불완전한 경추 7점, 거의 완벽한 요추의 추체(dorsal centrum) 1점, 늑골 1점, 미추골 1점, V자골(chevron) 2점, 흉골편 1점, 이빨 1점 등과 다수의 골편 화석이 나왔다. 경추골들은 거의 일렬로 놓인 상태로 산출되었으며, 꼬리뼈에서는 지금까지 보고된 육식 공룡의 이빨 자국으로는 가장 길고 깊은 규모의 이빨 자국이 확인되었다.

전기 백악기 중국에서 서식했던 유헬로푸스(Euhelopus)와 비슷한 공룡이었지만 이들보다 코가 높은 곳에 위치했으며, 척추 또한 유헬로푸스와 다른 형태를 보인다. 비록 골격의 일부만 발견되었지만, 확실한 것은 부경고사우루스가 거대했다는 사실이다. 몸집이 거대하면 이점이 많다. 먼저 육식 동물로부터 습격을 쉽게 받지 않는다는 장점이 있다. 지금도 몸무게 150킬로그램인 사자가 5톤의 아프리카코끼리를 습격하는 경우는 극히 드물다. 공룡들도 마찬가지였을 것이라 생각된다. 또한 큰 동물일수록 장수하는 경향이 있다. 부경고사우루스 역시 거대화함으로써 몸을 지키고 오래 살았을지도 모른다.

아직 완벽한 부경고사우루스 두개골은 발견되지 않았지만, 어떻게 살았을지에 대해서는 추측이 가능하다. 부경고사우루스 또한 초식 공룡이었다. 나무와 나무 사이를 오가며 나뭇잎을 따 먹었을 것이고 다른 모든 용각류 공룡들처럼 볼이 없고 턱이 유연하지 못했기 때문에 먹이를 씹지 못하고 바로 삼켰을 것이다. 용각류는 긴 다리를 가지고 있으며, 긴 다리를 가지고 있는 동물들은 먼 거리를 이동하는 경우가 많다. 오늘날의 코끼리와 기린은 식량과 물을 찾기 위해 먼 거리를 이동한다. 과거의 용각류들은 훨씬 더 많은 양의 먹이와 물을 필요로 했을 테고, 먼 거리를 이동했을 것으로 생각된다.

최근에는 부경고사우루스의 꼬리뼈에서 세계에서 가장 길고 깊은 규모의 육식 공룡 이빨 자국이 확인되었다. 이는 백악기 공룡 시대에도 오늘날의 육식 동물의 먹이 행태와 유사하게, 여러 크기의 육식 공룡들이 초식 공룡의 사체를 순차적으로 이용했음을 보여 주는 증거 자료이다.

전 세계적으로 용각류의 다양성이 쇠퇴하던 시기에 살았던 부경고사우루스의 발견은 백악기 용각류의 진화 양상 및 적응 과정에 대해 이해하는 데 유용한 자료 제공해 줄 것으로 예상된다. 우리나라에서 최초로 공식 학명이 붙은 공룡 부경고사우루스는 우리나라에서도 공룡 골격 화석이 발견될 수 있다는 가능성을 보여 준 좋은 사례다.

11

-

국내 최초로 밝혀진 뿔 공룡

세계적으로 유명한 공룡학자인 캐나다 앨버타 대학교 필립 커리(Philip Currie) 교수는 야외 조사 도중 절벽으로 카메라 케이스를 떨어뜨린 적이 있다. 조사 기간 동안 화석을 거의 못찾고 카메라 케이스라도 되찾기 위해 절벽 밑으로 힘들게 내려간 커리 교수는 깜짝 놀랐다. 카메라 케이스가 땅 위로 노출된 공룡의 두개골 위에 있었기 때문이다.

이렇듯 화석은 가끔 예상치 못한 장소에서 발견되는 경우가 있다. 중국의 박물관에서는 지하 공사를 하던 도중 작은 초식 공룡의 골격이 발견된 사례가 있는가 하면, 바닷가에서 고기를 잡던 어부가 그물로 멸종된 거대 상어의 이빨 화석을 끌어올린 사례도 있다. 이것의 화석 찾기의 매력이라 할 수 있겠다. 아무리 경험이 풍부한 사람이거나 화석에 대해 잘 아는 사람이라 하더라도 운이 따라 줘야 놀라운 발견을 할 수 있는 것이다. 2011년 말에 한국 지질 자원 연구원 이융남 박사(현 서울 대학교) 등이 발표한 한국 최초의 각룡류인 코리아케라톱스(*Koreaceratops*) 또한 마찬가지였다.

코리아케라톱스는 화성 시화호에서 발견된 공룡이다. 하지만 시화호에 위치한 공룡 화석지 현장에서 발견된 것이 아니라 따로 떨어진 저수지에서 예전 공사로 인해 나오게 된 전석들 중 하나에서 발견되었다. 학자들은 화석을 함유하고 있는 암석을 분석해 본 결과 백악기 전기 탄도층에서 나온 암석임을 알아냈다. 코리아케라톱스의 화석은 뒷다리(경골, 비골, 중족골, 지골, 발톱 등)와 골반 일부(좌골), 그리고 상당히 온전하게 보존된 꼬리뼈를 가진다. 하지만 아쉽게도 이 공룡의 상반신은 발견되지 못했다. 상반신에 해당하는 화석들을 함유한 암석 블록이 근처 저수지에 있을 것이라 예상될 뿐이다.

코리아케라톱스는 국내 최초로 밝혀진 각룡류라는 점에서 매우 중요하다고 볼 수 있다. 코리아케라톱스의 가장 큰 특징은 바로 꼬리뼈 윗부분인 신경 돌기일 것이다. 이 신경 돌기들은 위로 길게 솟아 있어, 마치 거대한 돛과 같은 형상을 보인다. 왜 이런 독특한 꼬리를 가지고 있었을까? 학자들은 헤엄을 치는 데 추진력을 얻기 위한 구조라고 해석한다. 다른 용도라 생각하는 사람들도 있다. 낙타의 혹처럼 지방 같은 영양 물질을 저장하기 위한 구조는 아니었을까? 또는 구애 행동을 위해 상당히 화려한 색상 및 무늬를 갖추지 않았을까? 직접 중생대로 가 보지 않는 이상 진실을 밝히기 어려울 것 같다. 코리아케라톱스의 또 다른 특징은 바로 특이한 발목 구조다. 코리아케라톱스의 복사뼈 위 표면의 가운데 부분은 얇은 벽처럼 돌출된 모양을 하고 있으며 양옆으로는 움푹 팬 구조를 보인다.

코리아케라톱스는 어떻게 움직였을까? 상반신이 발견되지 않았기 때문에 전체적인 모습을 확실히 알 수 없다. 아르케오케라톱스(*Archaeoceratops*)의 경우 두 다리로 걸으며 뿔 공룡임에도 불구하고 뿔이 없다. 코리아케라톱스는 아르케오케라톱스와 유사했을 것으로 보이는데 코리아케라톱스의 상반신이 발견되어야 확실해질 것이다.

12

-

발 아래의 공룡

토종 공룡 코리아노사우루스, 부경고사우루스, 코리아케라톱스 이외에도 우리나라에서는 다양한 공룡 뼈 화석들이 발견되었다. 비록 완전한 모양으로 발견되지는 않았지만 지역별로 체계적인 발굴이 이루어진다면 이 또한 한반도의 새로운 공룡이 등장할 가능성을 높여 줄 것이다. 발견된 화석들은 대부분 이빨 혹은 불완전한 뼈 파편으로 현재까지 가장 풍부한 공룡 화석이 산출되는 지층은 전기 백악기에 해당하는 하산동층이다. 1998년 경상남도 진주시 내동면 유수리 하천가의 2개의 층준에서 분류가 거의 불가능한 뼈 조각 200여 개가 발견되어 보고된 적이 있으며, 경상남도 사천시 서포면 다평리 부근의 하산동층에서는 2개의 뼈 화석층이 보고되었다. 하지만 다평리 부근의 뼈 화석층에서 발견된 화석들은 모두 동정이 불가능한 것들뿐이었다. 그 외 경상남도 합천군 율곡면 노양리의 낙동층에서 발견된 갈비뼈(늑골)와 발가락뼈(지골)과 전라남도 구례 토지면에서 발견된 용각류의 대퇴골로 추정되는 뼈 화석 등이 있다.

2009년 고성군 고성읍 월평리에서는 코리아케라톱스와 비슷한 각룡류의 턱뼈 일부가 발견되었다. 이 턱뼈는 길이 10센티미터로 그리 크지는 않지만 턱에 이빨들이 붙어 있어 연구에 흥미를 더하고 있다. 하지만 우리나라에서 아직 뼈나 이빨이 아닌 각룡류의 발자국 화석이 발견된 적이 없다는 것은 화석들이 당시 생태계를 얼마나 단편적으로만 보여 주는지 알려 주는 좋은 사례다.

우리나라에서는 매우 다양한 공룡 발자국 화석들이 발견된다. 공룡 발자국 화석이 보존될 확률이 매우 적음에도 불구하고 다양한 종류가 발견되었다는 것은 과거 우리나라에 상상할 수 없을 정도로 다양한 공룡들이 서식했음을 의미하기도 한다. 앞으로 더욱 다양한 종류의 공룡들이 발견될 수 있을 것이다. 어쩌면 티라노사우루스보다 더 큰 육식 공룡이나 디플로도쿠스(Diplodocus)보다 더 큰 초식 공룡, 프로토케라톱스(Protoceratops) 같은 뿔 공룡에서 깃털 공룡까지…. 수많은 공룡들이 발밑에서 우리를 기다리고 있다.

13

—

발굴을 기다리는 공룡 뼈 화석들

경상북도 의성 톨게이트로 하루에도 수많은 자동차들이 지나가지만 톨게이트 바로 옆에 공룡이 잠들어 있다는 사실을 아는 사람은 거의 없을 것이다. 1996년 10월, 당시 상지 대학교 자원 공학과 이광춘 교수는 경상북도 의성군 봉양면 도원리 중앙고속도로 의성 톨게이트 옆 산 절개면에서 거대한 공룡 뼈를 발견했지만 도굴을 우려해 발견 사실을 발표하지 않았다. 그후 경북대학교 양승영 교수 등이 이것이 거대한 목 긴 공룡인 용각류의 어깨뼈(견갑골)임을 확인했다. 발견 당시 의성군에 발굴을 요청했지만 예산이 없어 거절당했고, 훼손을 막기 위해 석고를 발라 놓았다. 현재 이 거대한 공룡 뼈가 노출되어 있는 산 절단면에는 붕괴를 막기 위해 쇠그물망이 설치되어 있으며, 철근까지 박혀 있는 상태다.

전라남도 구례 토지면 부근에는 조그만 퇴적 분지가 있다. 일명 구례 분지라고도 일컫는 이곳에는 크고 작은 뼈 파편들과 공룡알 화석, 그리고 목재 화석 등 다양한 화석들이 산재되어 있다. 여수 율촌면 앞 작은 섬들에는 형태를 알 수 없는 크고 작은 공룡 뼈들이 바닷물 속에 잠겨 있고 경상남도 합천군 율곡면 노양리 일대에도 공룡 뼈 파편들이 숨어 있다. 공룡 뼈뿐만 아니라 익룡 뼈나 악어 뼈, 거북 뼈 등이 우리의 발걸음을 재촉하고 있으며 수억 년의 잠을 깨고 세상에 나오기를 바라고 있는 것 같다.

단일 지역에서 공룡 뼈를 발굴하려면 수억 원의 발굴비가 들어간다. 적지 않은 돈이 때문에 이러한 발굴은 쉽지 않은 일이다. 가까운 나라 일본의 경우 히타치, NHK, 아사히 신문 등 많은 기업이 문화 사업 차원에서 기부를 한다. 그 덕에 일본은 후쿠이 공룡 박물관을 중심으로 활발한 공룡 화석 발굴 작업이 진행되었고 현재 4종의 공룡, 니포노사우루스(*Nipponosaurus*), 후쿠이랍토르(*Fukuiraptor*), 후쿠이사우루스(*Fukuisaurus*), 후쿠이티탄(*Fukuititan*)을 발견한 상태이다. 몽골이나 베트남 등 해외 발굴도 적극적으로 지원하고 있다.

중생대 때 강가나 범람원 환경에서 만들어진 지층이 우리나라 남해안 지역에 많기 때문에 우리나라 또한 일본과 같이 공룡 골격들이 발견될 가능성은 높다. 하지만 아쉽게도 우리나라에는 이런 사업에 기부를 하는 기업이 없기 때문에 대규모의 발굴 작업이 이루어지지 않고 있다. 그래서 우리나라 학자들은 옆 나라 일본을 부러워할 수밖에 없다. 중국 또한 예외는 아니다. 지금도 10곳이 넘는 지역에서 공룡을 발굴하고 있다. 대부분 중국 정부에서 돈을 댄다. 국제적으로 우수한 논문을 쓰면 포상이나 혜택이 엄청나다. 중국은 과학 대국을 선포한 지 오래다. 중국 심양 고생물 박물관 관장이자 길림 대학교 교수인 순거(Sun Ge) 박사는 심양 노말 대학(전 심양 사범 대학교)에 세계 유일의 고생물학과를 만들었다. 심양이 중심이 된 라이오닝(요녕성)에서 세계 최초로 깃털 공룡을 발견해 더욱 고무되어 있지만 우리나라에 비해 학술적 지원은 그 차원을 달리하고 있다.

우리를 잘 아는 외국 학자는 "한국은 매우 짧은 시간에 아주 큰 성과를 낸 나라"라고 치켜세운다. 남해안 공룡 화석지를 유네스코 세계 유산에 등재하기 위해 노력하는 모습이라든지, 한반도 공룡을 테마로 한 다큐멘터리나 영화가 국내 및 세계의 주목을 받고 있음에 기인한 것이다. 그러나 지금까지의 연구는 앞으로 연구의 기반을 닦는 연구로 생각된다. 오늘도 깊은 산 속이나 바닷가에서 공룡을 탐사하고 있는 학생들이 많다. 정부와 대기업 차원의 지원이 필요하다.

14

-

다양한 크기의 초식 공룡알 화석

미국 몬태나 주의 작은 꼬마에게는 꿈이 있었다. 공룡학자가 되는 것, 그리고 애완 공룡을 입양하는 것이었다. 공룡을 너무 사랑한 꼬마는 시간이 흘러 어른이 되었고, 다른 사람들이 책을 읽을 시간에 화석을 찾으러 야외 조사를 나간 그는 어느 날 엄청난 발견을 하게 된다. 미국 최초로 초식 공룡 집단 산란지를 발견한 것이다. 발견된 모든 둥지에는 배아가 들어 있는 알 화석들이 가득했고, 둥지 주변에서는 초식 공룡의 연령대별 골격들이 보존되어 있었다. 그는 이 발견 덕에 유명해졌고, 노인이 된 지금도 불모지를 돌아다니며 공룡들을 찾고 있다.

공룡알 화석을 발견해 공룡을 좋아하는 어린이들에게 최

고의 스타가 된 미국 몬태나 대학교 존 '잭' 호너(John 'Jack' R. Horner) 박사의 이야기이다. 그의 발견으로 공룡들이 철새처럼 계절마다 이동을 하고 번식지에 모여서 집단 산란을 했으며, 둥지에서 새끼들을 키웠다는 사실을 알게 되었다. 이렇듯 공룡의 알과 둥지 화석은 많은 정보를 제공하며 때로는 공룡의 번식과 산란 그 이상의 정보를 주기도 한다.

최초의 공룡알 화석은 1859년 프랑스에서 장 자크 푸에흐(Jean Jacques Pouech)가 처음 발견했다. 당시에는 공룡알이라는 사실을 전혀 몰랐다. 거대한 크기에 깜짝 놀란 그는 이 알들이 거대한 새의 것이라고 생각했다. 1869년에 마테론(Matheron)이 더욱 완벽한 알 화석들을 발견했지만, 그는 이것을 거대한 악어알로 해석해 버렸다.

공룡알을 처음 기록한 사람은 폴 제르베(Paul Gervais)이다. 그는 발견된 알들을 자세히 연구해 공룡의 알일 가능성이 있다고 1877년에 발표했다. 그가 연구한 알은 현재 힙셀로사우루스(*Hypselosaurus*)의 것으로 밝혀졌다. 하지만 당시에는 제르베의 연구에 사람들이 관심을 가지지 않았다.

1923년, 미국 자연사 박물관 소속 로이 채프먼 앤드루스(Roy Chapman Andrews)는 몽골 고비 사막에서 세계 최초로 공룡알 둥지 화석을 발견했다. 아시아 포유동물에 대한 연구 중 공룡알 둥지를 발견한 것이다. 이 발견으로 공룡이 알을 낳는다는 사실이 전 세계에 알려졌다. 발견된 알들은 크기는 길이가 20센티미터 정도였으며, 둥지와 함께 프로토케라톱스의 골격 화석이 발견되었다. 그는 당연히 공룡알의 주인이 프로토케라톱스라고 언론에 공표했다. 몽골 탐사를 계기로 공룡알에 대해 처음 기록한 제르베보다 유명해졌다.

하지만 1990년대에 러시아 과학자 콘스탄틴 미하일로프(Konstantin Mikhailov)는 앤드루스가 발견한 알 화석이 과연 공룡의 알인가 의심을 품었다. 그는 앤드루스의 프로토케라톱스 알들이 새의 것과 비슷하다고 지적하면서, 새나 새와 비슷한 동물의 것이라고 생각했다. 몇 년 후 콘스탄틴의 생각은 옳은 것으로 판명되었다. 몽골에서는 앤드루스가 발견한 알들과 똑같은 알들이 발견되었는데, 이번에는 새와 비슷한 공룡인 오비랍토르류(Oviraptorosauria) 공룡이 알을 품고 있는 상태로 발견되었기 때문이다. 알을 품고 있는 공룡은 공룡이 모성애가 있는 동물임을 보여 준 놀라운 발견이었다.

공룡들이 종류마다 형태와 크기가 다양하듯, 공룡알 또한 종류마다 다른 특징을 보인다. 크기 또한 다양하다. 지금까지 발견된 공룡알 중 가장 큰 것은 1990년대 중국에서 중기 백악기 암석층에서 발견된 것들로 길이 60센티미터, 폭 20센티미터 정도다.

최근 우리나라에서도 공룡알 화석이 풍부하게 산출되었다. 전라남도 보성, 구례, 경기도 화성 시화호, 경상남도 하동, 고성 등에서는 다양한 크기의 초식 공룡알들이 발견되었다. 목포 압해도와 통영, 부산 다대포에서는 육식 공룡알이 발견되었다. 국내에서 처음으로 공룡알의 흔적이 발견된 곳은 1972년 경상남도 하동군 금성면 수문리의 해안이었다. 당시 발견된 것은 공룡알 껍데기 파편이었다. 그 후 20여 년간 새로운 공룡알이 발견되지 않다가 1996년부터 경상남도 하동, 전라남도 보성, 경기도 화성 일대에서 새로운 공룡알 화석지가 발견되었다.

가장 규모가 큰 공룡알 화석 산지는 전라남도 보성과 경기도 화성에 위치한다. 전라남도 보성군 득량면 비봉리 선소마을 해안에서는 공룡알 둥지 13곳에 9~15센티미터 크기의 초식 공룡알 130여 개가 포함되어 있다. 보성에서는 거북알도 발견되었다. 경기도 화성군 송산면 시화호 간척지에서는 약 20개의 둥지가 발견되었으며, 다양한 크기의 초식 공룡알 130여 개가 발견되었다. 알의 크기와 둥지의 규모가 달랐다는 것은 알의 주인이 달랐음을 의미한다.

공룡의 나라 한반도

학자들은 태아 화석을 보고 알의 주인이 어떤 공룡인지를 추측한다. 하지만 태아 화석은 크기가 매우 작고 연약하며, 진흙과 모래와 쉽게 섞이기 때문에 불완전한 상태로 발견되는 경우가 많다. 화석이 발견된다고 하더라도 종을 판별하는 데 필요한 이빨이나 뿔 등이 발달되어 있지 않기 때문에 종을 구분하기가 쉽지 않다. 둥지 근처에서 어미 공룡의 화석이 발견되지 않는 이상 확실한 분류는 어렵다. 공룡의 알껍데기는 가죽처럼 찢어지는 악어나 뱀의 알과는 다르며, 오히려 충격에 잘 깨지는 달걀과 유사하다. 충격으로 인해 알에 조금이라도 금이 가게 되면 알의 내부는 섞이기 시작하기 때문에 공룡 태아 화석이 희귀한 것일 수도 있겠다.

그럼 육식 공룡과 초식 공룡의 알은 어떻게 구분이 가능한가? 우선 알껍데기 조직을 통해 알 수 있다. 알껍데기 조직을 관찰해 보면 이 공룡이 육식인지 초식인지, 거북알인지 악어알인지 새알인지를 구별할 수 있다. 다만 구체적인 공룡들의 종류는 알기 어렵다. 또한 지금까지 발견된 배아 화석이 내포된 알 화석들을 관찰해 보면, 육식 공룡의 알은 대개 길쭉한 타원형 모양을 하고 있고, 초식 공룡의 알은 대부분 축구공과 같은 둥근 모양을 하고 있다. 그래서 야외에서 타원형 모양의 알을 육식 공룡의 알로, 축구공 모양의 둥근 알을 초식 공룡의 알로 구분한다. 보성과 화성에서 발견된 알 화석은 대부분 둥근 형태를 보이며, 알껍데기 관찰 결과 초식 공룡알로 해석되었다.

보통 생태계에서는 육식 동물보다는 초식 동물의 개체수가 더욱 많다. 초식 동물이 육식 동물보다 수가 많은 것은 생태계의 균형을 유지하기 위해서이다. 육식 동물의 개체수가 더욱 많을 경우에는 초식 동물들을 모두 잡아먹어 버릴 수도 있으며, 전부 잡아먹고 나면 육식 동물은 먹을 것이 없어 굶어 죽어 생태계의 먹이 그물이 무너지고 만다.

그럼 초식 공룡은 새끼들을 어떻게 키웠을까? 오늘날의 초식 동물들이 종마다 양육 방식이 다르듯이 공룡 또한 마찬가지로 다양했을 것이다. 거대한 용각류의 경우, 자신의 새끼를 돌보기에는 크기 차이가 너무 많이 난다. 몸길이가 45미터나 되는 아르젠티노사우루스(*Argentinosaurus*)의 알은 축구공보다 작은 크기이며, 치와와만 한 새끼가 부화한다. 아르젠티노사우루스의 뇌는 덩치에 비해 너무 작기 때문에 머리가 좋지 못해 새끼들을 돌볼 수 없었을 것이다. 이 연약한 새끼 공룡들은 어떻게 살았을까? 아르헨티나의 화석지에서 발견된 아르젠티노사우루스의 배아 화석에서는 잘 자란 이빨 화석들이 발견되었다. 갓 부화한 새끼 아르젠티노사우루스는 둥지를 떠나 발달된 이빨을 이용해 바로 근처의 식생들을 뜯어 먹었을 것이다.

호너 박사의 이야기로 돌아가 보자. 호너는 자신이 발견한 초식 공룡들이 둥지를 규칙적으로 만들고 정성스럽게 새끼들을 돌보았을 것이라 생각해 그 공룡에게 '좋은 어미 도마뱀'이라는 뜻의 마이아사우라(*Maiasaura*)라는 학명을 부여한다. 이 마이아사우라의 둥지에서는 어느 정도 자란 새끼들이 화석들이 다량 발견되었다. 둥지 속 새끼들의 뼈는 연약했으며, 뼈를 이어 주는 관절 부분이 허약했던 것으로 추정된다. 놀라운 것은 이들의 이빨이 많이 갈려 있었다는 사실이다. 마이아사우라의 새끼가 둥지에 눌러 앉아 어미가 주는 먹이를 받아먹었을 것이라는 추측이 가능하다. 이를 통해 호너는 마이아사우라가 자신의 새끼들을 어느 정도의 나이가 될 때까지 둥지에 두고 키웠다고 결론을 내렸다.

우리나라는 용각류와 조각류, 수각류 모두가 서식했던 곳이기 때문에 이 두 가지 양육 방식들을 모두 관찰할 수 있는 유일한 장소이기도 하다. 물론 아직 보성과 화성 등지의 알 화석 주인들의 정확한 신원을 확인하지 못했지만, 가까운 미래에 이들의 신원을 밝힐 수 있는 결정적 증거를 찾을 수 있으리라 굳게 믿는다.

15

-

정교하게 배열된 육식 공룡알 둥지

2009년 목포 자연사 박물관과 전남 대학교 한국공룡연구센터 공동으로 서남권 일대에 대한 광범위한 지질 조사를 실시하고 있었다. 마침 목포와 압해도를 연결하는 압해 대교를 막 지나니 길을 만들기 위해 퇴적층을 관통한 절개지가 나타났다. 절개지 양쪽에는 낙석 방지를 위한 차단막이 설치되어 있었고, 그 안에는 낯익은 붉은색 이암층이 배열되어 있었다. 좁은 차단막 사이로 길을 헤쳐 이 이암층을 한참 조사하던 중 학부 졸업 논문생인 이세라(현 강진군청 근무)가 알껍데기를 발견했다고 소리쳤다. 도톨도톨한 표면을 가진 타원형 모양이 반쯤 드러난 약간 깨진 공룡알이었다.

발견과 동시에 우리는 걱정이 되었다. 발견된 모양으로 보아

다행히도 지층 안쪽을 더 조사하면 둥지가 나타날 것 같은데 당시 현장에는 횟집 타운을 만든다고 공사가 요란했기 때문이다. 이곳에 노출되어 있는 퇴적층 전부를 없앤다고 하니 가슴이 떨렸다. 그렇다고 이들에게 귀한 정보를 알릴 수 없어 문화재청에 발견 신고 및 긴급 발굴 신고를 했다. 목포시에서 긴급 발굴비를 지원해 주었고 목포 자연사 박물관 김보성 학예 연구사를 주축으로 발굴이 시작되었다. 땅주인과 실랑이를 벌이면서… 발굴은 여느 지역보다 무척 힘들었다. 수직으로 된 퇴적층을 절개해 수평으로 깊숙이 들어가야 하는 큰 공사였기 때문이다. 하지만 2년여 동안의 노력 끝에 공룡알 둥지 길이 2미터 50센티미터, 공룡알 개체 평균 길이 44센티미터, 발굴된 알 개수 19개로 세계적으로 보기 드문 대형 육식 공룡알 둥지가 복원되었다.

모든 공룡이 알을 낳는다는 사실은 누구나 알고 있을 것이다. 물론 예외도 있겠지만, 단단한 껍질을 가진 알을 낳는 것은 모든 파충류와 조류의 공통된 특징이다. 파충류와 조류처럼 발톱을 가지고 단단한 알을 낳는 동물들을 양막류(Amniota)라 부른다. 단단한 알을 처음 낳은 동물은 약 3억 년 전 고생대 석탄기(Carboniferous)에 등장했는데 공룡 시대보다 훨씬 이전의 시기이다. 이렇게 단단한 알은 긴 역사를 가진다. 최초의 양막류가 등

공룡의 나라 한반도

장한 지 어느덧 3억 년이라는 세월이 흘렀고 현재 지구상의 많은 동물들은 아주 다양한 알들을 생산하고 있다. 크기는 메추라기알부터 크기가 15센티미터만 한 타조알까지 다양하다. 반면에 공룡알은 최대 길이가 60센티미터 정도이니 지구상 동물 가운데 가장 큰 알일 것이다.

보통은 '공룡의 알'이라 하면 사람만 한 알이나 이보다 더 큰 것을 떠올린다. 하지만 공룡알은 아무 커 봐야 축구공만 한 크기이다. 몸길이가 45미터인 공룡에게서 축구공만 한 알이 나온다니, 공룡은 이렇게 큰데 왜 알은 작은 것일까? 그 이유는 알껍데기에 있다. 알이 클수록 알껍데기는 두꺼워야 한다. 알껍데기가 두꺼워지면 연약한 아기 공룡이 알을 깨고 나올 확률이 낮아진다. 반대로 알의 크기를 증가시키고 두께를 감소시킨다면 그 알은 아기 공룡이 성숙하기 전에 깨질 확률이 높아진다. 다시 말하면, 알의 크기에는 한계가 있다는 것이다. 결국 우리가 보는 축구공만 한 알들은 최대 한계까지 도달한 알이라 보면 될 것이다.

압해도 공룡알로 돌아가 보자. 이곳에서 발견된 공룡알의 크기는 지름 약 44센티미터의 대형급으로 우리나라에서 발견된 공룡알 중 최대 크기로 세계적으로도 희귀한 것이다. 이 거대한 알들이 깔끔하게 복원, 배열된 둥지의 크기 또한 엄청나다. 발견된 둥지의 지름이 무려 2미터 50센티미터가 넘는다. 이 둥지에 앉아 있던 어미 공룡의 크기를 상상해 보면 놀라움에 끝이 없다. 발견된 둥지 속의 알은 총 19개로 중간에 빈자리가 있는 것으로 보아 화석화되는 과정에 유실되었거나 화석이 되기 전에 다른 공룡에 의해 훼손되었을 것이다.

압해도 공룡알 둥지의 주인은 알을 어떻게 낳았을까? 발견된 둥지 속 알들의 배열 패턴을 자세히 보면 한 쌍씩 붙은 상태로 둥글게 돌아가며 놓여 있는 것을 확인할 수 있다. 어미 공룡이 골반을 둥글게 돌리며 낳지 않았을까 추정된다. 알들을 다 낳은 상태에서 앞다리나 주둥이로 알을 옮겼을 수도 있겠지만, 자신의 알을 소중히 다루는 어미의 입장에서 그럴 확률은 낮아 보인다.

어미 공룡은 알을 어떻게 보살폈을까? 몽골에서는 깃털 공룡이 둥지 위에 앉아 알을 품고 있는 상태로 죽은 화석이 발견되었다. 둥지에 앉아 죽은 공룡은 긴 앞다리와 이빨이 없는 부리를 가진 오비랍토르류(*Oviraptorosauria*)인 케티파티(*Citipati*)인 것으로 밝혀졌다. 발견된 화석을 보면 긴 앞다리로 알들을 감싸고 있는 형태가 관찰된다. 아마 이 긴 앞다리에는 긴 깃털이 덮여 있었을 것이다. 이를 이용해 알의 온도를 유지시켰을 것이다. 놀라운 것은 둥지에 앉아 있던 공룡이 바로 아비라는 것이다. 아비 공룡이 알을 품고 있는 화석은 케티파티뿐만 아니라 북아메리카의 트로오돈(Troodon)에서도 확인되었다. 공룡의 후손인 새 중에서도 많은 아비 새들이 알을 품는다고 한다. 이러한 습성이 약 8000만 년 전 공룡 시대부터 시작되었다는 이야기다.

공룡이 어미인지 아비인지 뼈 화석으로 어떻게 구분할 수 있을까? 허벅지뼈(대퇴골), 가슴뼈(흉골), 갈비뼈(늑골) 등 뼈 내에서 산란기에 나타나는 부드러운 특수 뼈조직인 골수골(medullary bone)을 통해 알 수 있다. 주로 어미 새들이 알껍데기를 만들 때 이 골수골의 칼슘 성분을 이용한다. 이러한 조직이 어미 공룡에게도 나타난다. 그러므로 당연히 이러한 골수골 조직이 없는 공룡이 아비가 되는 것이다. 이러한 골수골 조직은 케티파티와 트로오돈, 티라노사우루스뿐만 아니라 조각류인 테논토사우루스에서도 발견되었다.

압해도에서 발견된 공룡 둥지에서는 중간 중간 알이 없는 부분이 관찰된다. 거대한 아비 공룡이 알을 품으면서 꼬리를 둔 곳이 아닐까 생각도 된다. 물론 확실한 증거는 없다. 편하게 알을 품은 아비는 새끼들이 모두 건강히 부화되도록 온도를 잘 조절했을 것이다. 오늘날의 파충류의 경우 온도에 따라 새끼의 성별이 바뀐다. 바다거북의 경우 섭씨 30도 이하에는 수컷, 그 이상이면 암컷, 그 중간 온도면 1 : 1 비율로 암수가 태어난다. 반면 악어의 경우 이와 반대로 섭씨 30도 이하에는 암컷, 그 이상이면 수컷이 태어난다. 공룡의 직계 후손인 새의 경우 파충류와는 달리 부화에 알맞은 적정 온도만 존재할 뿐 온도에 따른 성비 변화는 없다. 만약 공룡의 번식법이 파충류와 유사했으면 바다거북이나 악어처럼 온도에 따라 성이 결정되었을 것이다. 반대로 새와 유사했으면 성 결정이 온도의 영향을 받지 않았을 것이다. 이에 대한 해답은 보다 더 자세한 연구가 이루어져야 해결될 것으로 보인다.

그럼 부모 공룡은 부화를 끝낸 새끼 공룡을 어떻게 키웠을까? 동물의 세계에는 후세를 남기는 두 가지 전략이 존재한다. 바로 r-전략종과 k-전략종이다. r-전략종의 경우, 새끼를 다량으로 낳지만 그 많은 새끼들을 돌보지는 않는다. 결국 수많은 새끼들 중 한 마리만 최종 성장해 어른이 된다. 메뚜기나 바다거북이 대표적인 r-전략종이다. 반면 k-전략종은 적은 수의 새끼를 낳고, 이들을 정성껏 보살피며, 대부분의 새끼들은 건강하게 자라 어른이 된다. 코끼리, 고래, 사람이 대표적인 k-전략종이다. 그럼 공룡은 어떤 전략을 선택했을까? 공룡마다 다르겠지만, 대개 공룡은 바다거북과 비슷한 r-전략종과 유사한 패턴일 것이다. 그러나 만약 목포 앞해도 알둥지의 어미 공룡이 둥지를 지키며 새끼들을 정성스럽게 돌보는 공룡이었다면 이 짐작도 달라진다. 추가 발굴과 더 많은 연구가 기대된다. 목포 압해도 외에도 경상남도 통영 도산면 따박섬 육식 공룡알 둥지 또한 압해도 공룡알과 더불어 육식 공룡 연구에 있어 중요한 자료가 될 전망이다.

16

-

백악기 공기의 진실

한반도의 공룡에 대한 수수께끼를 풀기 위해 여느 때처럼 전라남도 보성 공룡알 화석지 주변을 돌아다니며 퇴적층들을 샅샅이 탐사하고 있었다. 공룡 뼈(골격) 화석을 기대하면서 공룡알 화석 발굴 현장에서 떨어진 화석지 구석구석을 탐사했지만 큰 수확이 없었다. 모든 것을 포기하고 돌아갈 때쯤 10미터 정도 높이에 퇴적층 밖으로 반쯤 매달려 있는 공룡알 하나를 발견했다. 이곳이 바람과 파도가 심한 바닷가이기 때문에 발굴하지 않으면 금방이라도 아래로 떨어져 산산조각이 날 수도 있다는 초조함이 엄습했다. 반쯤 드러난 자체가 지금까지 모진 풍파가 만들어 낸 흔적이었다. 나는 발굴을 서둘렀다. 저편 해안가에서 일하고 있는 발굴팀 가운데 몇을 불러 모아 대책을 강구했다. 10미터 높이의 절벽이라 로프 외에는 달리 올라갈 방법이 없었다. 크레인이 있었으면 간단했을 터인데 울퉁불퉁한 바위 천지라 들어오기 힘든 지형이었다. 외국에서는 바다에 대형 크레인을 설치해 발굴하기도 하지만 우리는 넉넉하지 못한 발굴비로 3킬로미터 해안 전체를 발굴하다 보니 그런 호사는 엄두도 못 냈다.

등산에 자신 있다는 4학년 학생이 로프에 몸을 맡기고 퇴적층을 기어 올라갔다. 발굴 장비는 몸에 부착해야 하기 때문에 해머와 화석을 들고 내려올 샘플 주머니가 고작이었다. 다행히 그 학생은 어렵게 공룡알 화석을 떼어 내서 가슴 졸이고 있던 우리의 눈앞에 그 주인공을 가져왔다. 둥근 축구공 모양이었다. 이곳에서 발굴된 대부분의 공룡알들은 상부 퇴적층의 압력에 눌려 납작하고, 깨어진 알 내부는 대부분 주변 암석으로 채워져 있었다. 그런데 이번에는 달랐다. 깨어진 흔적이 전혀 없는 완벽한 공룡알이었다. 흔들어 보니 안에서 소리가 났다. 비어 있는 것 같은데 소리가 나는 것은 무엇이 들어 있기 때문인가?

나는 갓 태어난 어린 아이를 다루듯 조심스럽게 이 알을 광주에 있는 한국공룡연구센터로 옮겼다. 이 알 속에 무엇이 들어 있을까? 설마 새끼 공룡의 뼈? 아니면… 우리나라에서는 공룡알 속의 공룡 배아 화석이 지금까지 발견된 적이 없기 때문에 내 기대는 점점 더 커졌다. 공룡알 속에 미처 태어나지 못한 새끼 공룡이 움츠리고 있는 모습을 상상할 때마다 흥분되어 온몸이 떨렸다.

우선 이 내부의 수수께끼를 풀기 위해서는 먼저 알 속에 내재되어 있을 공기를 뽑아내야만 했다. 이 공기가 8700만 년 전의 공기라면 세계적으로 반향을 일으키기 충분한 엄청난 과학적 사실이 될 수 있기 때문이다. 나는 우리 대학 화학과 한종수 교수를 찾아갔다. 한 교수는 공룡알에 대해 자세히 물었다. 알 내부로 공기가 들어갈 수 있냐는 말이었다. 공룡알껍데기는 어미로부터 태아의 성장에 필요한 성분들을 제공받을 수 있도록 공기구멍들이 많이 있다. 달걀이나 새알도 마찬가지다. 우리는 먼저 이 알에 맞는 진공 플라스크를 만들었고, 공룡알을 진공 플라스크에 넣고 잔불을 피워 알 속에 있는 공기를 빼냈다. 이 과정은 무려 6개월이나 소요되었다. 추출된 공기를 들고 대전에 있는 카이스트로 갔으나 분석 기기가 맞지 않아 다시 한국 표준 과학 연구원으로 가서 공기의 성분을 분석했다. 이 공기가 중생대 백악기 공기이기를 바라면서….

추출된 공기 성분을 분석하자 놀라운 사실이 드러났다. 산소의 농도가 현재 대기의 산소 농도보다 훨씬 높게 나온 것이다. 현재 지구 대기 속 공기의 산소 농도는 21퍼센트 정도이지만 이 알에 들어 있던 산소 농도는 29.5퍼센트에 달했다. 만약 이것이 중생대 한반도의 공기라면 이는 매우 충격적인 사실이다. 대기 중의 산소 농도가 29퍼센트 정도면 비가 와도 자연적으로 산불이 날 수 있는 산소량이다. 한마디로 온 지구가 젖은 상태에서도 쉽게 불이 날 수 있는 환경인 것이다. 아무런 원인 없이도 자연 발화가 일어날 정도다. 더구나 당시는 화산 활동이 잦아 불이 쉽게 번질 수 있는 상황이다. 백악기 후기 대기에 산소가 정말 이처럼 많았다면 공룡은 수시로 일어나는 산불과 들불에 타 죽거나 쫓겨 다녔을 것이다. 우리나라 공룡 화석지 곳곳에서 발견된 목재 화석 중에 탄화목 화석이 많이 발견되는 이유도 이를 방증한다. 또한 해남 공룡 화석지 제1보호각에서 볼 수 있는 공룡 보행렬들이 이리저리 복잡하게 얽혀 있는 것도 이런 이유와 무관할 수 없을 것이다. 그 층에서도 역시 탄화목을 볼 수 있기 때문이다. 이 탄화목이야말로 당시의 화재 현장을 보여 주는 타임 캡슐이 아닐까?

갈수록 나의 궁금증은 더해 갔다. 공기를 빼냈으니 이제 알 속 내용물을 알아낼 차례였다. 어떤 방법을 써야 알을 깨뜨리지 않고 속을 볼 수 있을까. 고민 끝에 나는 알 화석을 가지고 전남대학교 병원으로 갔다. 수많은 환자들 사이에서 나는 알 화석을 안고 서 있었다. 컴퓨터 단층 촬영을 예약하고 환자 번호를 받았다. 접수처에서는 사람이 아닌 환자 번호는 이번이 처음이라며 웃었다. 멀쩡하게 생긴 사람이 둥근 돌을 가지고 환자 대기 번호를 받고 있는 모습이 얼마나 이상해 보였을까. 그날 밤 나는 결과를 보러 서둘러 진단 방사선과(현 영상의학과)로 갔다. 3D 입체 영상을 보니, 내부에 물체가 있음이 확실했다. 속이 텅 빈 알 내부에 가늘고 긴 조각들이 여기저기서 보이는 것을 보니 필시 새끼 공룡이라 생각했다. 너무 기뻤다. 선뜻 촬영을 허락해 준 의과 대학 강형근 교수님과 불의의 사고로 지금은 고인이 된 서정진 교수께 감사의 인사를 올렸다.

이제 마음이 더 급해졌다. 단층 촬영만으로는 알 속의 내용물을 정확히 알 수 없었기 때문이었다. 다음 순서는 이 알을 반으로 자르는 일이었다. 나는 이 알을 들고 연구실로 돌아오자마자 대기 중이던 대학원생들과 함께 지질학과 암석 절단실에서 이 공룡 알을 반으로 자르기 시작했다. 마치 흥부가 박을 타는 심정으로 말이다. 하지만 잘라진 알 속은 실망 그 자체였다. 그토록 기대했던 새끼 공룡이 아니라 껍질 안에서 자란 방해석 광물 결정들이었다. 이 방해석 결정들의 모습이 단층 사진에서는 마치 막 배태된 새끼 공룡의 뼈들로 보인 것이다. 실망이 아주 컸지만 이 방해석 결정들 속에 또 다른 비밀이 있을 것이라 생각하며 내 자신을 위로했다. 재밌는 사실은 이 방해석 결정들이 알의 내부를 가득 채운 것이 아니라 어느 정도까지만 자라고 멈췄다는 것이다. 당시 과거의 공기가 유입되다가 차단되어 방해석이 성장을 멈춘 것으로 보인다. 그렇다면 한국 표준 과학 연구원에서 추출한 공기 대부분이 중생대의 공기가 맞을 수도 있다. 이러한 사실을 국제 논문으로 제출했으나 출판이 거절되었다. 한마디로 이 공기가 중생대 백악기 공기라는 사실을 입증하라는 것이다. 8700만 년의 장구한 세월 속에서 신생대를 거쳐 지금까지 왔다면 백악기 당시의 공기는 이미 수많은 세월 속에서 여러 시대의 공기들과 섞였을 가능성이 크다는 이유였다.

당시 공기의 산소 농도는 왜 그리 높았던 것일까? 백악기 후기부터 번성하기 시작한 속씨식물 때문은 아닐까. 속씨식물이 빠르게 번식하면서 대기에 산소가 폭발적으로 늘었다는 것이 나의 추측이다. 생명의 역사는 매번 스토리가 반복되는 경향을 보인다. 2억 5000만 년 전인 고생대 페름기에도 공룡 멸종에 맞먹는 생물의 대멸종이 있었는데 그 멸종 원인 중의 하나로 산소 증가설이 있기 때문이다. 과연 공룡알 속에 있는 공기가 중생대의 것일까? 고농도의 산소는 공룡들을 어떻게 괴롭혔을까? 이 연구는 오늘도 계속되고 있다. 전남 대학교 노열 교수와 캐나다 맥매스터 대학교 김상태 교수가 새로운 방법으로 이 공룡알 속에서 8000만 년 전 지구의 공기를 연구하고 있다. 더 많은 화석들을 발견해야겠다는 새로운 다짐이 오늘도 의욕을 샘솟게 한다.

17
-
한반도 공룡 이빨 화석

공룡의 이빨은 공룡이 무슨 음식을 먹었는지, 나이가 어느 정도인지, 더 나아가 이 공룡이 어떻게 생활했는지도 가르쳐 준다. 일반적으로 육식 공룡은 초식 공룡을 죽이고 고기를 찢기에 알맞은 날카로운 이빨인 반면, 초식 공룡은 식물을 갉아 먹거나 뜯어 먹기 좋게 납작하거나 숟가락 모양의 이빨이다. 공룡은 사람과 달리 평생 이갈이를 하며 이빨이 상하거나 부러지면 떨어져 나가고, 곧 새로운 이빨이 자라난다. 공룡 한 마리가 평생 사용하는 이빨의 개수는 수백~수천 개다. 육식 공룡의 머리뼈를 보면 이빨이 들쑥날쑥 나와 있는 것을 볼 수 있는데 이것은 각 이빨마다 떨어져 나간 시기가 달라서이다.

과학 수사대가 범죄 현장에 남겨진 살인 무기로 범인을 찾는 방법은 공룡 화석 연구에도 적용된다. 미국에서는 트리케라톱스(*Triceratops*)의 골반뼈에 구멍이 난 채로 발견된 적이 있다. 고생물학자들은 그 구멍의 크기와 근처에 발견된 육식 공룡의 이빨 화석을 통해 범인을 찾아냈다. 바로 공룡의 왕 티라노사우루스였다. 이뿐만이 아니다. 캐나다 캘거리에서 2시간가량 떨어진 드럼헬러에 왕립 티렐 고생물 박물관이 있다. 이 박물관 2층 전시실에는 대형 암모나이트 몸체에 규칙적으로 구멍이 난 흔적을 볼 수 있는데, 이 구멍을 만든 주범은 어룡이었다. 육식 공룡이나 어룡의 이빨은 마치 범죄 현장에 남겨진 총알과도 같다. 이빨 화석은 피해자를 죽인 범인을 잡는 데 아주 유용하게 사용된다.

경상남도 진주에서는 세 종류의 용각류 이빨 화석이 발견되었다. 아주 작은 이빨 화석이지만 한국에도 다양한 종류의 용각류 공룡들이 서식했음을 알려 주는 좋은 증거 자료다. 그중 한 가지는 놀랍게도 중국 공룡인 키아유사우루스(*Chiayusaurus*)의 것으로 드러났다. 이를 통해 같은 종류의 공룡이 한국과 중국에 살았음을 알 수 있었다. 백악기 당시의 한반도와 중국은 지금같이 황해라는 바다가 없이 하나의 대륙으로 붙어 있었다. 동일한 종류의 공룡들이 한국과 중국에서 발견된다는 사실만으로도 두 대륙이 하나로 붙어 있었음을 알 수 있다.

2002년에는 경상남도 하동에 위치한 무인도에서 국내에서 처음으로 조각류 이빨 화석이 발견되었다. 발견된 조각류 공룡의 이빨은 내몽골에서 발견된 프로박트로사우루스(*Probactrosaurus*)의 것과 매우 유사하다. 이 발견을 통해 우리나라에도 중국의 프로박트로사우루스와 유사한 공룡들이 살았음을 알 수 있으며, 남해안에 남겨진 조각류 발자국의 주인공이 어떤 모습의 공룡이었는지 추측하는 데 도움이 된다.

앞서 공룡의 이빨이 범죄 현장에 남겨진 살인 무기와도 같다고 이야기했다. 공룡 이빨 중에서도 무시무시한 살인 무기는 육식 공룡인 수각류의 이빨이 아닐까 싶다. 선사 시대 살인 무기는 우리나라에서도 발견되었다. 우리나라에서는 경상남도 진주와 경상북도 고령, 하동 대도리 주지섬에 분포하는 전기 백악기 하산동층에서 수각류의 이빨 화석이 발견되는데, 지금까지 연구된 이빨들은 총 10점이다. 알로사우루스류, 메갈로사우루스류(*Megalosaurus*), 카르카로돈토사우루스류(*Carcharodontosaurus*)의 이빨이 연구되었으며, 놀랍게도 티라노사우루스류 이빨 화석도 확인되었다. 공룡 종류가 매우 다양하기 때문에 이빨 화석만으로 이 이빨의 주인이 티라노사우루스인지 아닌지 정하기는 애매하다. 이런 경우에는 '~류'라고 통칭한다. 좀 더 많은 화석들이 발견되면 정확한 명칭을 붙일 수 있을 것이다. 이렇게 다양한 육식 공룡 이빨들의 발견은 한반도에서 다양한 종류의 육식 공룡들이 서식했음을 보여 주는 증거이다. 다양한 육식 공룡이 서식했다는 것은 역시 다양한 초식 공룡들이 함께 살고 있었다는 해석을 가능하게 한다.

알로사우루스류, 메갈로사우루스류, 카르카로돈토사우루스류의 이빨은 앞뒤로 톱니 모양을 하고 있어 고기를 자르는 데 알맞다. 이들은 전 세계적으로 볼 때 항상 목이 긴 용각류 공룡들과 함께 발견되는데, 이를 통해 이 육식 공룡들은 전문적인 용각류 사냥꾼이었음을 알 수 있다. 우리나라 남해안에서 많이 발견되는 용각류의 발자국 화석들이 이 사실을 증명해 주는 것 같다.

현재까지 우리나라에서 나온 공룡 이빨 화석 중에서 가장 놀라운 발견은 아마도 티라노사우루스류의 이빨 화석일 것이다. 경상남도 사천 지역에서 발견된 티라노사우루스류의 이빨 화석은 전형적인 티라노사우루스류의 특징을 보인다. 앞에서 언급한 알로사우루스류나 메갈로사우루스류, 카르카로돈토사우루스류의 이빨은 뾰족하지만 납작한 형태를 보인다. 반면에 티라노사우루스류의 이빨은 전체적으로 바나나 같은 형태이며, 위에서 내려다본 앞이빨의 단면이 D자형이라 다른 육식 공룡류의 이빨과 구분된다. 이 티라노사우루스류 이빨 화석의 발견은 우리나라에도 티라노사우루스와 비슷한 육식 공룡이 살았음을 입증하는 최초의 증거다. 경상북도 고령군 쌍림면 합가리에서도 이와 비슷한 화석이 발견되었지만, 확실히 티라노사우루스류의 이빨인지는 아직 확인되지 않고 있다. 경상남도 하동군 금남면 증평리에 속한 장구섬에서 발견된 조각류 공룡 이빨은 우리나라에서 가장 많이 발견된 조각류 발자국의 실체를 파악하는 데 실마리를 제공한다는 점에서 매우 중요하다고 할 수 있다.

18

-

희귀한 공룡 피부 화석

오랫동안 학자들은 공룡이 파충류이기 때문에 당연히 비늘로 덮여 있을 것으로 해석했다. 최근 수많은 깃털 공룡 화석들의 발견으로 인해 이러한 해석이 틀렸음이 밝혀졌지만, 적어도 공룡의 몸 일부분이 비늘로 덮여 있었다는 것은 사실이다. 화석으로 발견되는 피부 화석의 대부분은 피부 그 자체의 화석이 아니라 공룡이 눕거나 넘어져서 생긴 피부 인상(印象) 자국이 보존된 것이다. 사실 공룡의 피부 인상 화석은 수세기 전부터 발견되어 왔다. 지금까지 발견된 공룡의 피부 인상 화석들을 보면 비늘이 일반 도마뱀이나 뱀처럼 서로 겹치는 형태가 아닌 악어나 거북과 같이 혹으로 구성된 비늘 형태임을 알 수 있다. 이러한 피부 인상 화석은 비교적 최근에 우리나라에서도 발견되었다.

우리나라의 공룡 피부 인상 화석은 경상남도 사천의 함안층과 경상남도 고성의 진동층에서 발견되었다. 이 피부 화석들은 전반적으로 다각상 구조가 특징이며, 경상남도 진주시 진성면 가진리 경상남도 과학 교육원 화석 전시관에 전시된 피부 화석은 공룡 발자국과 함께 나타난다. 발자국을 남긴 공룡이 넘어지거나 흙 목욕을 하다 남긴 자국으로 여겨진다. 간혹 빗방울 자국과 같은 무기적인 기원의 퇴적 구조들이 공룡 피부 화석으로 오인받기도 한다.

캐나다의 한 고생물학자는 공룡의 피부 패턴을 연구해 두 공룡 종 분류에 성공했다고 한다. 지금까지 뼈의 구조만을 가지고 종을 구분한 연구들과는 큰 차이를 보인다. 뼈 화석과 함께 피부 인상 화석이 나온다면 이러한 비늘 패턴을 연구해 종을 구분해 보는 것도 괜찮은 연구겠지만, 피부 화석은 특별한 환경이 아닌 이상 보존이 어렵고, 뼈 화석과 함께 발견되는 경우가 굉장히 드물기 때문에 종을 구분하는 연구에는 적용하기 힘들 것이다.

공룡의 피부 화석이 발견되면, 공룡의 색깔도 알 수 있지 않을까? 하지만 아쉽게도 공룡의 피부 인상 화석은 거울에 남겨진 손가락 지문처럼 모양만 보여 줄 뿐, 색깔을 보존해 주지는 못한다. 물론 공룡 미라 화석처럼 피부가 직접적으로 보존된 경우도 있기는 하지만, 수분이 다 날아간 건조된 피부 화석 또한 색깔이 남아 있지 않는다. 그래서 비교적 최근까지 학자들은 공룡의 피부색을 상상하기만 했다. 한때 공룡이 그저 크고 둔한 동물이라 생각되던 시기에는 주로 코끼리나 코뿔소 같은 대형 동물을 참고해 회색과 같은 흐린 색으로 공룡의 피부색을 표현했다. 하지만 공룡의 일부 직계 후손이 조류로 진화했음이 밝혀지면서 화가들은 공룡의 피부색을 화려하게 그리기 시작했다. 새들은 매우 다양한 색깔을 이용해 상대방과 의사소통한다. 발달된 눈을 가졌기 때문에 다양한 색깔을 볼 수 있는 것이다. 그 선조인 공룡들 또한 새들과 비슷했을 것으로 추정된다. 그렇다면 공룡들도 매우 화려한 색을 이용해 서로 의사소통을 했을 것이다.

놀랍게도 비교적 최근에 깃털 공룡의 깃털 화석에서 멜라닌 세포 입자들이 발견되었다. 멜라닌 세포는 색을 나타나게 해 주는 색소 세포이다. 학자들은 깃털 화석에 보존된 멜라닌 세포의 형태를 오늘날 새의 깃털에서 볼 수 있는 멜라닌 세포의 형태를 비교해 깃털 공룡의 색깔을 알아내는 데 성공했다. 학자들의 노력 덕에 현재까지 두 종류의 깃털 공룡 색깔을 복원할 수 있었다. 가장 먼저 깃털 색이 밝혀진 공룡은 중국의 시노사우롭테릭스(*Sinosauropteryx*)로서, 꼬리에 갈색 줄무늬가 있었던 것으로 추정된다. 그 뒤로 복원된 안키오르니스(*Anchiornis*)의 경우, 흰색과 검정색 깃털로 덮여 있었을 것으로 추정된다.

최근에는 시조새의 깃털 색을 복원하는 연구가 한창이다. 우리나라의 경우, 아직 깃털 공룡의 화석이나 깃털의 흔적이 발견되지 않았기 때문에 이러한 연구를 할 수 없었다. 북한의 신의주 지역에서 깃털 공룡으로 여겨지는 화석이 발견되었으니 우리나라에서도 깃털 공룡의 흔적이 곧 발견될 것이라 믿는다.

19

–

냄새가 나지 않는 배설물, 공룡 분화석

분화석은 과거 생물이 남긴 화석화된 배설물이다. 우리는 이러한 분화석을 이용해 과거 생물들이 무엇을 먹고 살았는지, 더 나아가 각 생물들끼리 어떤 상호 관계를 유지했는지에 대해 알 수 있다.

분화석을 연구하는 좋은 방법은 현미경을 통한 연구 방법이다. 사실 분화석으로는 배설물을 남긴 주인공을 찾기란 쉽지 않다. 아니, 거의 불가능하다고 할 수 있다. 하지만 분화석의 내용물을 확인해 초식 동물이 남긴 것인지, 아니면 육식 동물이 남긴 것인지 구분할 수 있다. 분화석이 발견된 지층의 나이나 지리적 위치 또한 이것을 남긴 주인공을 추측해 보는 데 도움을 준다. 이렇게 여러 가지 정보들을 종합해 분화석의 주인을 추정해 낸 대표적인 사례로 캐나다에서 발견된 공룡 분화석이 있다.

캐나다의 서스캐처원 주에서 발견된 분화석 내용물에서 공룡 뼈 조각들이 발견되었다. 이를 통해 학자들은 분화석의 주인공이 육식 공룡이라는 사실을 알아냈다. 이 배설물이 백악기 후기의 가장 마지막 층에서 발견되었다는 것, 북아메리카 대륙에서 발견되었다는 것, 그리고 육식 동물이었다는 것, 이 세 가지 사실들을 종합한 결과 티라노사우루스였을 것으로 추정된다. 티라노사우루스는 공룡이 멸종하는 백악기 최후기(7000만 년 전~6500만 년 전)에 북아메리카 대륙에서 살았던, 우리에게 너무 익숙한 육식 공룡이다. 한편 티라노사우루스 배설물과 같은 지층에서 질긴 식물 흔적들이 다량 함유된 분화석이 발견되었는데 티라노사우루스의 주요 먹잇감으로 간주되는 당시의 대표적 초식 공룡인 오리주둥이 공룡의 분화석일 것으로 추정하고 있다.

이러한 분화석들은 공룡과 주변 환경과의 관계를 밝혀 줄 뿐만 아니라 동식물의 진화를 설명하는 좋은 증거물이 되기도 한다. 분화석 연구로 유명한 미국 콜로라도 대학교 카렌 친(Karen Chin) 박사는 백악기 후기 층에서 발견된 분화석 속에서 쇠똥구리가 만든 구멍(버로우, burrow) 흔적을 발견했다. 이 발견으로 인해 쇠똥구리들이 공룡들과 함께 살았으며, 공룡들이 남긴 엄청난

양의 배설물들을 쇠똥구리들이 청소해 주었다는 것이 밝혀졌다. 확대 해석해 보면, 공룡들이 있었기에 현재 쇠똥구리가 존재한다고 볼 수 있다.

육식 공룡의 분화석에는 뼈 파편 화석들이 들어 있어 어느 공룡들이 이 육식 공룡의 먹잇감이었는지 알 수 있듯이, 초식 공룡의 분화석에는 식물의 잔해들이 잔뜩 들어 있다. 이 초식 공룡의 분화석에 남겨진 식물의 종류를 판별해 당시의 기후를 추측해 볼 수도 있다.

배설물은 부드러우며, 광물 성분이 거의 없기 때문에 보존이 쉽지 않다. 수많은 공룡들이 과거에 많이 먹고 많이 배설했음에도 불구하고 다른 화석들보다 적게 발견되는 이유가 바로 이것이다. 배설물이 분화석으로 보존되는 경우는 광충 작용(permineralization), 즉 배설물 내의 빈 공간에 광물질들이 채워져 단단해지는 현상이 일어난 특별한 경우이다.

분화석이 발견되어도 공룡 배설물의 정확한 크기나 형태를 알기가 힘들다. 배설물은 쉽게 부서지고, 비를 맞으면 쉽게 흩어지며, 다른 공룡들이 밟기 때문에 원래의 형태를 오래 유지하기 힘들다. 현재 카렌 박사가 발견한 분화석 중 가장 큰 것은 무려 7리터나 된다고 한다. 이것이 만약 배설물의 일부였다면, 실제 공룡의 배설량은 상상을 초월할 것이다.

과연 분화석을 쪼개면 지독한 냄새가 날까? 다행히 그럴 일이 없다. 이미 암석으로 변해 버린 상태이기 때문에 안심해도 된다. 하지만 신생대 포유류 분화석의 경우, 아직까지도 유기 물질이 많이 남아 있는 상태여서 물이 묻을 경우 지독한 냄새가 난다고 하니 조심해야 한다.

우리나라에서도 공룡의 분화석이 발견된 사례가 있다. 경상층군 하산동층, 경상남도 진주시 나동면 유수리 강 아래 바닥에서 마치 현생 소의 배설물처럼 흔적들이 발견되기는 했지만 아직까지 제대로 연구되지 못한 실정이다. 과연 이것들이 한반도에 살았던 공룡들의 분화석인지 아닌지는 좀 더 연구를 해 보아야 할 것 같다.

20

-

공룡 시대의 동반자 익룡 발자국

작은 강아지만 한 초식 공룡들이 드넓은 범람원 지대에서 햇볕을 쬐며 일광욕을 즐기고 있다. 갑자기 검은 그림자가 태양을 가린다. 작은 공룡들은 구름인 줄 알고 가만히 누워 있다. 쿵 소리와 함께 괴상하게 생긴 생명체가 날개를 접고 우뚝 선다. 겁에 질린 공룡들은 이리저리 흩어진다. 괴상한 날짐승은 터벅터벅 네 발로 걷더니 도망치던 작은 공룡 한 마리의 꼬리를 부리로 붙잡는다. 괴성을 지르며 허둥대는 작은 공룡을 통째 삼켜 버린다. 그러더니 아무 일 없다는 듯이 껑충 뛰어 하늘로 날아오른다.

중생대는 공룡들의 시대였지만, 공룡만 지구를 지배했던 것은 아니다. 공상 과학 소설에나 나올 법한 장면이지만, 실제로

8500만 년 전 우리나라 전라남도 해남 우항리 지역 일대에서 있었을 법한 이야기다. 하늘에서 내려온 무시무시한 괴생명체는 새도 아니고 외계 생명체도 아닌 바로 익룡이다. 육지의 공룡보다 출연이 조금 늦은 익룡은 2억 1000만 년 전쯤 등장하여 공룡과 함께 중생대 말까지 생존한 하늘의 파충류 무리이다. 익룡 뱃속에 그 증거물들이 발견되지 않았기 때문에 실제로 익룡이 어린 공룡을 먹었는지는 알 수 없다. 다만 하늘을 날면서 물고기를 낚아채거나 땅 위에서 조개나 갯벌 속의 작은 벌레를 먹었다고 추측할 뿐이다.

가끔 사람들은 익룡을 공룡과 혼동한다. 공룡과 익룡은 생김새가 비슷하더라도 골격 구조가 다르기 때문에 따로 분류하는 것이다. 공룡 집단은 골반 구조가 도마뱀의 것과 유사한 용반류(竜盤類)와 새의 것과 비슷한 조반류(鳥盤類)로 나뉜다. 또한 미크로랍토르(*Microraptor*, 미크로랩터)같이 일부 날 수 있는 공룡을 제외한 모든 공룡들은 땅 위를 걸으며 생활한다. 반면에 익룡은 옆모습이 마치 권총이나 도끼와 비슷한 모양의 허리뼈를 지녔으며, 날개가 있어 하늘을 날 수가 있다.

또한 공룡과 익룡보다 더 혼동되는 것이 시조새와 익룡이다. 시조새는 원시 형태의 새 종류로 공룡과 새 모두의 특징을 지닌 동물이다. 온몸이 깃털로 덮여 있으며 날개 또한 깃털로 이루어져 지금의 새와 유사하다. 반면 익룡은 털이 없으며 날개 가운데에 3개의 발가락과 길게 발달한 4번째 손가락이 옆구리의 피부막과 연결되어 날개를 형성하고 있다. 뒷다리는 짧고 발가락은 사람 발가락과 같이 5개로, 생김새는 박쥐와 비슷하다. 시조새는 2개의 뒷다리로만 걸어 다니지만, 익룡은 앞다리와 뒷다리 모두를 이용해 네 발로 걸어 다닌다. 이렇듯 익룡은 매우 괴상한 모습을 하고 있기 때문에 다른 생물들과 비교가 되지만, 한때는 이러한 괴상한 모습 때문에 학자들이 골머리를 앓은 적도 있다.

익룡에 대한 최초의 기록은 1784년 이탈리아의 박물관학자 코시모 콜리니(Cosimo Collini)가 남겼다. 당시 콜리니는 익룡의 날개를 지느러미로 해석해 바닷속에서 생활하는 해양 동물로 알았다. 그 뒤에도 몇몇 학자들은 콜리니의 해석이 옳다고 생각했으나, 1830년 독일의 동물학자인 요한 게오르그 바글러(Johann Georg Wagler)는 익룡 앞다리는 지느러미가 아닌 날개였다고 밝혔다. 하지만 바글러는 익룡이 펭귄처럼 날개를 이용해 수영을 했을 것이라 생각했다. 익룡이 하늘을 나는 파충류였을 것이라 생각한 최초의 사람은 프랑스의 동물학자 조르주 퀴비에(Georges Cuvier)였다. 얼마 되지 않아 과학자들은 퀴비에의 생각이 옳았음을 밝혀냈다. 결국 익룡이 어떤 생물이었는지 감을 잡기까지는 약 50년의 세월이 걸린 셈이다.

익룡이 어떤 생명체였는지를 막 알아낼 즈음 학자들은 또 다른 의문점에 봉착했다. 바로 걸음걸이(보행) 문제였다. 학자들 사이에서는 익룡이 새처럼 두 다리로 걸었을 것이다, 날개에 있는 앞발과 뒷발을 이용해 네 다리로 걸었을 것이다, 박쥐처럼 나뭇가지에서 거꾸로 매달렸을 것이다, 날개에 달린 발톱을 이용해 절벽에 매달렸을 것이다, 걷지 못하고 그저 해변에 누워 있었을 것이다 등 다양한 의견이 나왔지만 아무도 자신의 가설을 증명할 수가 없었다. 1980년대 초, 미국 고생물학자인 케빈 파디안(Kevin Padian)은 익룡 중에서 뒷다리가 다른 종들보다 긴 디모르포돈(*Dimorphodon*) 같은 종들은 재빠르게 두 다리로 뛰는 길달리기 새(로드 로너, road runner)같이 뒷다리로 빠르게 뛰었을 것이라고 추정했다.

익룡의 걸음걸이에 대해 학자들 간 의견이 분분할 시기에 우리나라에서 아주 획기적인 익룡 발자국 화석이 발굴되었다. 바로 익룡이 걸어가면서 남긴 길이 7.3미터로 세계에서 가장 긴 익룡 보행렬 화석이다. 이 익룡 발자국들은 1996년부터 진행된 해남 우항리 공룡 화석 발굴 현장에서 발견되었다. 내가 이끄는 전남 대학교 연구팀들이 발굴한 초대형 공룡 발자국층과 동일 지층에서 450여 개의 익룡 발자국이 무더기로 발굴되었다. 이 익룡 발자국들이 대량으로 발굴되기 전까지는 세계에서 가장 많이 발견된 지역의 익룡 발자국 개수는 고작 30개 미만이었다. 해남 익룡 발자국에 대한 우리의 연구는 익룡의 보행 자세나 걸음걸이에 대한 새로운 이론을 제시했다. 또한 '해남 우항리에서 발견된 흔적'이라는 뜻의 새로운 익룡 학명 '해남이크누스 우항리엔시스(*Haenamichnus uhangriensis*)'가 등재되었다. 해남 익룡 발자국 발견은 당시까지 세계적으로 논란이 되었던 익룡의 걸음걸이에 대한 미스터리를 풀게 되는 계기가 되었다.

해남 발굴 이후 우리나라에서는 몇몇 곳에서 익룡 발자국 화석들이 발견되고 있다. 2009년 보도에는 국립 문화재 연구소 임종덕 박사가 세계에서 가장 큰 익룡 발자국을 발견했다. 연구 결과는 아직 알 수 없으나, 경상북도 군위군 군위읍에서 발견된 이 익룡 발자국은 길이 35센티미터, 폭 17센티미터로, 익룡 앞발자국의 전형적인 특징인 비대칭형 세 발가락이 뚜렷이 나타나 있다. 이 대형 발자국을 남긴 익룡은 해남이크누스와 비슷한 아즈다키과(*Azhdarchidae*)에 속하는 익룡으로 추정된다. 이 익룡들은 모두 목이 길고, 이빨이 없으며, 날개 너비가 10미터 이상 된다.

여기에 속하는 익룡 중에는 케찰코아틀루스(*Quetzalcoatlus*)와 하체고프테릭스(*Hatzegopteryx*)가 가장 유명하다. 날개를 펴면 작은 비행기 크기와 맞먹으며, 땅에 내려앉으면 기린과 비슷한 키다. 해남이크누스도 비슷한 덩치의 소유자였을 것이다. 경상남도 하동, 사천에서는 최소형의 익룡 발자국들이 발견되었으며 거제 갈곶리에서도 발견되었다.

익룡 또한 공룡처럼 빠르게 움직이는 동물들이었을지도 모른다. 비록 달릴 수 있는 다리 구조는 아니지만 빠른 걸음으로 먹잇감을 쫓을 수 있었을 것으로 생각된다. 타임머신을 타고 백악기 시대 해남으로 가게 된다면, 조심해야 될 동물은 땅위가 아닌 하늘에서 나타난다는 사실을 명심해야 할 것이다. 진주 호탄동 혁신 도시 일대에서 발견된 익룡 발자국 화석은 진주 교육 대학교 김경수 교수를 중심으로 대규모로 발굴되고 있으며, 다른 지역에서 발견되는 익룡 발자국 화석들은 전남 대학교 한국공룡연구센터 연구진이 조사하고 있다. 앞으로도 다양한 익룡 발자국들이 한반도 곳곳에서 발견될 것으로 전망된다.

21

-

백악기 하늘의 지배자

8500만 년 전 한반도, 카로노사우루스와 안킬로사우루스들이 바닥에 널려 있는 고사리들을 뜯어 먹는다. 이들의 배경에는 거대한 폭포가 자리 잡고 있다. 거대한 괴성과 함께 폭포 위로 거대한 날짐승이 날아오른다. 바로 해남이크누스다. 날개 너비가 12미터나 되지만 매우 유연하게 하늘을 가르며 이동한다. 호수 근처에서 물을 마시던 부경고사우루스들이 고개를 든다. 해남이크누스가 이들 사이로 날아다니지만 부경고사우루스들은 전혀 신경 쓰지 않는다.

「점박이, 한반도의 공룡」 첫 장면에 등장하는 해남이크누스의 모습은 마치 행글라이더를 탄 발레리나 같다. 이 우아한 동물은 공룡이 아닌 하늘을 날아다니는 파충류인 익룡이다.

해남이크누스는 1996년부터 시작된 해남 공룡 화석지가 발굴되며 그 모습이 드러나기 시작했다. 내가 발굴 책임자를 맡고 있던 우리 연구팀은 공룡 발자국 화석들을 발굴하면서 공룡 발자국과 새 발자국과 동일층에서 크고 작은 수백여 개의 이상한 흔적들을 발굴한 것이다. 특히 물갈퀴 새 발자국들이 이 흔적 속에 들어 있었다. 사람 귓바퀴 모양같이 생긴 흔적과 마치 사람 발 모양과 흡사한 흔적들이 주를 이루었으며 발자국 크기는 10센티미터에서 35센티미터까지 크기가 다양했다. 우리 팀은 이 흔적의 주인이 누구인지 처음에는 정확히 알지 못했다. 이 흔적은 1997년 발굴 당시에 개최된 해남 국제 공룡 심포지엄에 참가한 록클리 박사에 의해 익룡 발자국임이 확인되었다.

아시아 최초의 발견, 그리고 세계에서 일곱 번째 발견이었으며 발자국 산출 규모는 세계 최대였다. 그날 이 소식은 국내외 토픽 뉴스였다. 바로 1주일 전 미국 뉴욕에서는 세계 척추 고생물학회가 열렸는데 익룡 화석이 최대의 화제였고 그 뜨거운 학문적 논쟁은 《타임》 표지를 장식할 정도였다. 우리의 발견이 이 논쟁에 다시 불을 지핀 것이다. 하늘을 나는 익룡이 땅에 내려앉아 어떻게 걸어갔느냐 하는 것도 하나의 큰 논쟁거리였기 때문에 발자국 화석의 대량 발굴이 화제가 됨은 당연했는지도 모른다. 당시 국내는 물론이고 NHK, BBC, 독일 국영 방송 등 전 세계에서 한국에서 세계 최대 규모의 익룡 발자국 화석이 발견되었다는 소식을 타전했다.

이후 나와 내 박사 과정 학생이었던 황구근은 록클리 교수와 영국 브리스톨 대학교 데이비드 언윈 박사와 함께 해남에서 발굴된 익룡 발자국을 대상으로 지금까지 세계에서 발견된 익룡 골격 화석들과 비교하면서 연구를 진행했고, 2002년에 그 성과를 정리한 논문이 150년 전통의 세계적 지질학 학술지인 영국의《지질학 저널(Geological Journal)》에 출간되었다. 이 논문에서 우리에게 익숙한 해남이크누스 우항리엔시스가 탄생한 것이다.

해남이크누스는 익룡 골격 화석이 아닌 발자국 화석만으로 새로운 종으로 명명된 세계 최초의 사례이다. 해남이크누스의 뒷발자국은 길이가 35센티미터, 폭이 10센티미터이며, 앞발자국은 길이가 33센티미터, 폭이 11센티미터으로 세계에서 가장 큰 대형 익룡 화석이다. 발굴된 발자국 개수만 450점이다. 여기에는 앞발, 뒷발 등 다양한 발자국들이 발견되었는데 이는 익룡이 땅위에서 2족 보행보다는 4족 보행에 더 능하다는 새로운 사실을 알려 준다. 우리의 학설 이전에는 익룡은 날개를 뒤로 젖혀 추켜올리고 뒷발로 성큼성큼 걸었다는 미국 스탠퍼드 대학교 파디안 박사의 2족 보행 이론이 대세였다. 몸무게보다 몇 배 더 나가는 무거운 날개를 들고 말이다. 우리는 연구에서 익룡이 걸을 때 주로 네 발을 사용했으며 뒷발보다는 앞발에 무게 중심이 있었다는 새로운 사실을 밝혔다.

해남이크누스가 특별한 이유는 또 있다. 바로 뒷발자국에 보존된 물갈퀴 자국이다. 해남이크누스는 발에는 물갈퀴가 있어 발가락이 분리된 모양이 아닌 넓은 삼각형 모양이다. 이는 다른 익룡 발자국에서는 찾아보기 힘든 특징으로 해남이크누스가 주로 호수와 같이 물이 고여 있는 환경 근처에서 살았음을 말해 준다. 당시 이곳에서 살았던 물갈퀴 새 발자국과 같은 특징인 것이다.

백악기 후기로 갈수록 소형 익룡들은 뚜렷하게 줄어드는데 백악기 새들과의 경쟁에서 밀려나서 생긴 현상으로 여겨진다. 반면 중간 크기 이상의 커다란 익룡들은 백악기에 상당히 번성했는데 해남이크누스도 여기 속하는 익룡이다. 주로 호수가나 해안에서 물고기나 주변에 사는 작은 동물들을 잡아먹었을 것이다. 심지어 이 거대한 익룡들이 어린 공룡들을 잡아먹었다는 주장도 있다.

해남이크누스의 발자국이 발견된 우항리 지역에서는 공룡뿐만 아니라 물갈퀴 새 발자국, 식물 화석, 연체동물, 절지동물 보행흔 등 다양한 화석이 발견되었기 때문에 백악기 당시 이곳은 매우 풍성한 생태계를 이룬 지역이었던 것으로 생각된다.

22

-

익룡 뼈와 익룡 이빨 화석

해남이크누스와 비슷한 대형 익룡류인 케찰코아틀루스나 하체고프테릭스의 경우 키가 기린만 하다. 그렇다면 이런 거대한 익룡들은 어떻게 하늘을 날 수 있었을까? 이 질문에 대한 답은 익룡의 뼈 속에 담겨 있다. 케찰코아틀루스의 날개 뼈는 사람 팔뚝만큼 두껍지만 매우 가볍다. 뼈 속이 비어 있기 때문이다. 비어 있는 뼈 속에 발달된 작은 기둥들이 뼈를 가볍게 만들 뿐만 아니라 강하게 만들어 준다. 덕분에 익룡들은 큰 덩치에도 몸무게가 가벼웠다. 속이 빈 뼈 구조 덕분에 학자들은 중생대에 살았던 다른 파충류 가운데 익룡을 어렵지 않게 구분할 수가 있다. 물론 지금의 새로 진화했다는 일부 소형 수각류 공룡이나 깃털 달린 공룡도 비어 있는 뼈를 가지고 있다.

놀랍게도 우리나라에서도 익룡 뼈가 발견되었다. 2001년 8월, 고 백광석 석사가 경상남도 하동면 진교리 술상리 앞바다에 있는 방아섬에서 길이 30센티미터, 폭 3센티미터 크기의 날개 뼈를 발견했다. 우리나라에서 1996년 해남에서 익룡 발자국이 처음 발견된 이후 익룡의 골격(날개 뼈) 화석으로는 최초의 발견이라는 점에서 의미가 있다. 하동에서 발견된 익룡의 날개 뼈는 중국의 백악기 지층에서 나오는 듕가리프테루스(*Dsungaripterus*)의 날개 뼈와 매우 유사하다. 듕가리프테루스는 U자 모양의 휜 부리가 있으며, 부리에는 둥근 이빨들이 나 있다. 바닷가의 조개나 게를 잡아먹었을 것으로 보이며 하동에서 발견된 익룡도 이와 비슷한 종류였을 것으로 추정된다.

익룡의 날개 뼈뿐만 아니라, 대형 익룡의 이빨 화석도 발견되었다. 대구 과학 교육원 윤철수 박사와 양승영 교수 등이 경상북도 고령에서 발견한 이 익룡 이빨은 다소 완만하게 휘어져 가늘고 예리한 모양이며, 표면에는 평행한 줄무늬가 발달되어 있어 공룡 이빨이나 악어 이빨과 구분이 가능하다. 가늘고 길며 완만하게 휘어져 있는 이 이빨은 람코림쿠스류(*Rhamphorhynchus*)의 것과 유사하나 그것보다는 2배 정도 길고, 브라질 산타나층에서 발견된 케아라닥틸루스(*Cearadactylus*)의 것보다 1.5배 정도 길어서 대형 익룡의 이빨로 추정된다. 공교롭게도 이 익룡 이빨이 발견된 층의 상부층준에서는 15센티미터 크기의 물고기 화석과 조개 같은 이매패류 화석, 곤충 화석 및 거북 배갑 화석 화석 등이 동시에 발견되었는데 이 익룡 역시 날카로운 이빨로 물고기를 낚아챘을 뿐만 아니라 조개 같은 연체동물들을 먹었다는 증거이기도 하다. 아마도 해남이크누스와 같은 초대형 익룡일 것이다.

이와 같이 익룡의 흔적이 매우 다양하게 발견되고, 같은 층에서는 이들의 먹이인 어류와 연체동물 등의 화석들이 많이 발견되는 것으로 볼 때, 8500만 년 전 우리나라는 익룡들의 낙원이었을 것으로 생각된다. 앞으로 이어질 발견들이 기대된다.

23

-

가장 오래된 물갈퀴 새 발자국

배를 채운 거대한 육식 공룡이 강가에 누워 크게 하품을 한다. 한참 후 수각류 공룡이 눈을 감은 채 큰 입을 벌린다. 작은 새 한 마리가 다가와 겁도 없이 턱 위에 앉더니 공룡의 이빨 사이에 남아 있는 고기 덩어리를 빼 먹는다. 주위에는 다른 새들도 있다. 물갈퀴가 있는 목이 긴 새들은 이 거대한 육식 공룡의 등장에 겁을 먹었는지 물가에서 우왕좌왕한다.

아프리카 강가에 악어가 있는 풍경을 보는 듯하지만, 약 8500만 년 전 우리나라 해남이다. 공룡과 새가 평화롭게 공존하는 모습을 상상해 본 사람들은 그리 많지 않을 것이다. 지금 우리 주변에서 다양한 종류의 새들을 볼 수 있는 것처럼, 백악기에도 공룡

125

들 주변에 다양한 새들이 돌아다녔다. 작은 새들은 육식 공룡이나 익룡의 먹이가 되었을지도 모르며, 덩치 큰 새들은 새끼 공룡들을 잡아먹었을지도 모른다. 우리나라에서 이들의 공생 관계를 풀 수 있는 획기적인 발견이 있었다.

1990년대 초 서울 대학교 학생이었던 전승수 교수(현 전남 대학교 교수)가 박사 학위 논문 지역인 해남 우항리에 있는 지층들을 한 층 한 층 정밀 탐사하면서 이 이상하게 생긴 발자국 화석들을 기재하게 되었다. 이 발자국 화석들은 양승영 교수와 록클리 교수에 의해 세계에서 가장 오래된 물갈퀴가 달린 새 발자국 화석으로 판명되었다. 지금의 오리와 같은 새의 가장 먼 조상이 발견된 것이다. 당시만 해도 가장 오래된 새 발자국 화석은 공룡 이후의 시대인 신생대의 것이었기 때문에 아주 획기적인 발견이었다.

해남에서 발견된 물갈퀴가 있는 새 발자국 중에서 상대적으로 크기가 작은 것은 발견된 장소와 발견자 이름을 따서 우항리크누스 전아이(*Uhangrichuns chuni*)로, 우항리크누스보다 크기가 크고 뒷발가락이 잘 나타나는 것은 발견지와 전승수 박사의 지도 교수인 서울 대학교 조성권 교수의 성을 따서 황산이페스 조아이(*Hwangsanipes choughi*)로 각각 명명되었다. 명명된 새들의 가장 큰 특징은 바로 발에 잘 발달한 물갈퀴이며, 우항리크누스와 황산이페스 모두 한 장소에서 밀집되어 나타났기 때문에 이들이 오늘날의 바다 새처럼 무리 생활을 했음을 알 수 있다. 또한 이 층에는 해남이크누스 익룡 발자국 안과 밖에 무수히 많은 이 물갈퀴 새 발자국들이 발견되어 당시의 익룡과 새는 적이 아니라 서로 공존했다는 사실이 입증되었으며, 나아가 동일 층준에 별 모양의 대형 공룡 발자국(1장 참조)이 있는 것으로 보아 이 공룡 또한 이들과 공존했다는 사실을 알 수 있다. 이 발견은 8500만 년 전 당시 공룡과 익룡, 새 사이의 생태 환경을 밝혀 주는 획기적인 사건이었다.

한편 1998년에는 경상남도 진주시 가진리에 분포하는 백악기 초기의 함안층에서도 우항리크누스가 발견되었다는 보고가 있었으며, 2000년에는 국립 문화재 연구소의 임종덕 박사가 동일한 지역에서 또 다른 물갈퀴가 있는 새 발자국과 부리 흔적 화석을 보고했다. 2006년 경상남도 남해군 창선면 가인리 지역의 백악기 초기의 지층인 함안층에서 역시 세계에서 가장 오래된 물갈퀴 새 발자국 화석을 김정률 교수팀(한국 교원 대학교)과 록클리 교수가 보고했는데, 한국 생흔 화석의 원로인 양승영 교수의 업적을 기리기 위해 그의 성을 따서 이그노토르니스 양아이(*Ignotornis yangi*)라는 이름을 붙였다. 2008년에는 백악기 후기의 진동층에서 물갈퀴가 있는 새 발자국 화석이 보고되었으며, 2010년에는 황구근 박사(한국공룡연구센터)와 현직 교사인 설장규 선생이 전라남도 신안군 사옥도 지역의 백악기 후기 퇴적층에서 다양한 물갈퀴 새 발자국 화석을 발견했다고 보고했다. 뼈 화석이 발견되지 않아도 우리는 공룡, 익룡과 함께 다양한 종류의 새들이 백악기 한반도를 누볐다는 사실을 알 수 있다.

우리나라에서는 아직 중생대 새의 뼈 화석이 발견되지 않았다. 새의 뼈는 속이 비어 있고 연약하기 때문에 화석이 되기 전에 훼손되기 쉬워 전 세계적으로도 중생대 새의 뼈 화석은 희귀하다. 발자국이 무수히 발견되었기에 새 골격 화석의 발견도 멀지 않았다고 기대한다.

그림 15-2 압해도에서 발굴 복원된 19개의 육식 공룡알 둥지 화석(목포 자연사 박물관 김보성 박사)

그림 15-2 오돌토돌한 표면이 선명히 보이는 육식 공룡알 화석(신안 압해도에서 발견 당시 노출된 공룡알)

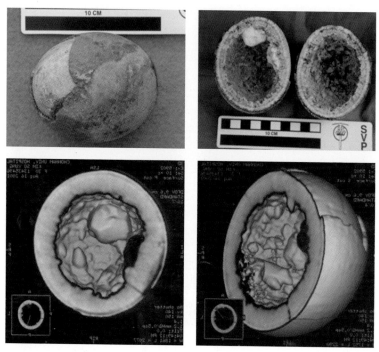

그림 16-1 속이 빈 공룡알 화석(왼쪽 위: 발견 당시 공룡알, 오른쪽 위: 절단된 공룡알, 아래: 전남 대학교 병원에서 단층 촬영된 공룡알 내부)

그림 17-1 키아유사우루스 이빨(경상남도 진주)

그림 17-2 초식 공룡 이빨(사천)(윤철수 박사)

그림 17-3 육식 공룡 이빨(경상북도 고령)

5 mm

그림 17-4 티라노사우루스류 이빨 화석(경상북도 고령)

그림 18-1 경상남도 사천의 함안층에서 발견된 공룡 피부 인상 화석(백인성 교수)

그림 18-2 진동층에서 발견된 공룡 피부 화석(경상남도 고성)

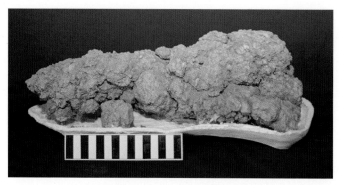

그림 19-1 카렌 친이 발견한 분화석

그림 19-2 분화석(경상남도 진주)

그림 19-3 분화석 확대 사진(경상남도 진주)(경북 대학교 양승영 교수)

그림 20-1 앞뒤 발자국이 선명한 익룡 발자국 화석(전라남도 해남)

그림 20-2 가장 큰 익룡 발자국(경상북도 군위)(임종덕 박사)

그림 21-1 해남이크누스 앞발자국(전라남도 해남)

그림 21-2 한국을 방문한 록클리 교수

그림 21-3 해남 우항리 공룡 화석지에 전시된 4족 보행 중인 익룡 모형

그림 22-1 익룡 이빨 화석(경상북도 고령) (윤철수 박사)

그림 23-1 물갈퀴 새 발자국(해남 우항리)

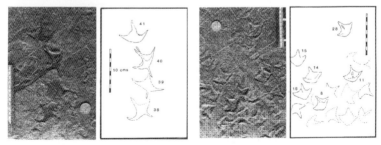

그림 23-2 황산이페스조아이(왼쪽)와 우항리크누스 전아이(오른쪽)

그림 23-3 익룡과 새 발자국이 같이 나타나는 전라남도 해남 우항리 화석지 현장

그림 24-1 코리아나오르니스 새 발자국(경상남도 함안)

그림 24-2 진동오르니페스 킴아이 새 발자국(경상남도 고성)

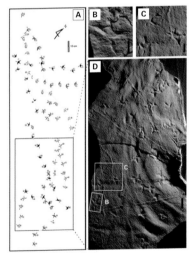

그림 24-3 경상남도 남해 창선도에서 산출된 이그노토오르니스 양아이 새 발자국 사진과 모식도(A: 전체적인 산출 양상, B~D: 확대한 사진(척도: B~C: 20mm, D: 50mm))

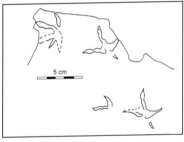

그림 24-4 고성오르니페스 새 발자국 사진과 스케치

그림 24-5 다양한 새 발자국과 무척추동물 흔적 화석(A: 무척추동물 흔적 화석, B~H: 새 발자국 화석(B: 코클리크누스, C: 우항리크누스 전아이, D: 황산이페스 조아이, E: 이그노토르니스, F: 고성오르니페스, G: 황산이페스, 고성오르니페스 및 코레아나오르니스, H: 진동오르니페스)(전라남도 신안)(황구근 박사)

그림 24-6 새 발자국(경상남도 진주)

그림 25-1 악어 두개골(경상남도 하동)

그림 25-2 악어 이빨 화석(전라남도 여수)

그림 25-3 악어 이빨 화석(대도섬)(윤철수 박사)

그림 26-1 거북 배갑 화석(경상남도 진주)(윤철수 박사)

그림 26-2 도마뱀 아스프로사우루스 뼈 화석. 발견 당시에는 거북 뼈 화석으로 보고되었다.(전라남도 보성)

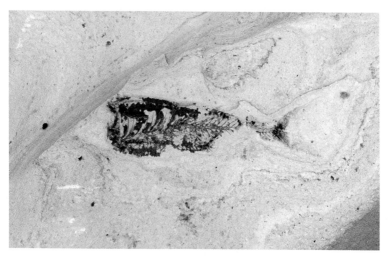

그림 27-1 두호층에서 발견된 신생대 어류 화석(경상북도 포항)

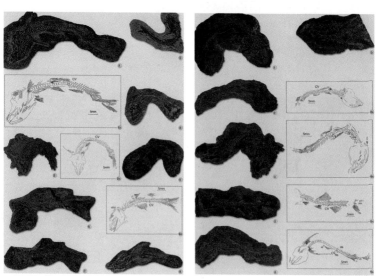

그림 27-2 중생대 백악기 진주층에서 산출된 다양한 어류 화석(경상북도 군위). 주로 여을멸목과 당멸치목에 속하는 민물고기 화석들이 산출되었다.(윤철수 박사)

그림 27-3 경린 어류 화석(경상남도 사천)

그림 27-4 중생대 어류 화석(경상북도 군위)

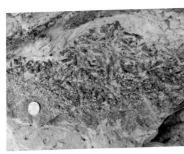

그림 28-1 복족류 화석(경상남도 하동 하산동층)
(부경 대학교 백인성 교수)

그림 28-2 복족류 화석(전라남도 여수)

그림 28-3 복족류 화석(전라남도 여수)

그림 28-4 연체동물 복족류 화석(전라남도 함평)

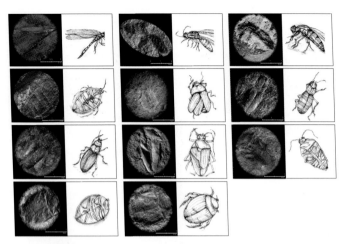

그림 29-1 딱정벌레와 유충 등 다양한 곤충 화석 및 복원도(전라남도 함평)

그림 29-2 백악기 진주층에서 산출된 바퀴류 곤충 화석(경상남도 진주)

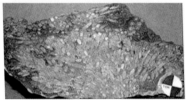

그림 29-3 화석화된 날도래 유충들의 집(사천시 자혜리 진주층)(부경 대학교 백인성 교수)

그림 30-1 백악기 개형충 화석 (전라남도 해남)

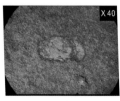

그림 30-2 개형충 화석 확대 사진(경상남도 진주)

그림 30-3 복족류와 개형충 화석 (전라남도 여수)

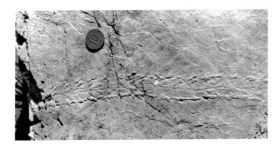

그림 31-1 절지동물 생흔 화석 (전라남도 해남)

그림 31-2 절지동물 보행렬 화석(전라남도 해남 우항리)

그림 31-3 퇴적층 속에 보관된 생흔 화석(여수)

그림 31-4 용각류 공룡 부경고사우루스의 꼬리뼈에 남은 육식 공룡 이빨 자국(부경 대학교 백인성 교수)

그림 32-1 탄화목(전라남도 해남 우항리
공룡 화석층)

그림 32-2 목재 화석(전라남도 신안)

그림 32-3 나무 그루터기 화석(경상남도 진주)

그림 32-4 중생대 고사리 화석(경상북도 칠곡)
(윤철수 박사)

그림 33-1 봉상 스트로마톨라이트(경상남도 사천)(윤철수 박사)

그림 34-1 진동 호수 복원도(부경 대학교 김현주 박사)

그림 34-2 백악기 당시 해남 우항리 모습 복원도(황구근 박사)

발굴을 기다리는 허사도 화석 산지

마산 고현리 공룡 발자국 산지

24
-
백악기 새 발자국

경상남도 일원에 분포한 함안층과 진동층, 성포리층, 그리고 전라남도 해남에 분포하는 우항리층과 전라남도 신안 사옥도 지역의 백악기 퇴적층에서 다양한 새 발자국 화석이 발견되었다. 지금까지 우리나라 백악기 퇴적층에서 명명된 새 발자국 화석은 물갈퀴가 있는 것을 포함해서 6속 6종에 달하며, 전 세계적으로 명명된 중생대 새 발자국 화석의 약 34퍼센트를 차지한다. 또한 지층에서 분류되지 않은 새로운 새 발자국 화석들도 다수 발견되었기에 이들에 대한 면밀한 연구가 이루어지면 더욱 다양한 종들이 확인될 것이다. 이는 우리나라가 중생대 백악기 새 발자국 화석지로서 문화재적 가치가 높은 지역일 뿐만 아니라, 백악기 당시 새의 종에 관한 연구와 더불어 새의 진화와 생태에 대한 연구지로서 세계적으로도 가치가 있음을 반영한다.

지금까지 우리나라에서 분류되고 명명된 새 발자국 화석은 1969년 서울 대학교 김봉균 교수가 세계에서 두 번째로 보고한 것으로 '함안에서 발견된 한국 새'라는 의미의 코리아나오르니스 함안엔시스(*Koreanaornis hamanensis*)와 1992년 록클리 교수가 경상남도 고성군 덕명리의 진동층에서 보고한 진동오르니페스 킴아이(*Jindongornipes kimi*), 1995년 양승영 교수가 전라남도 해남의 우항리층에서 보고한 것으로 뚜렷한 물갈퀴가 발달한 우항리크누스 전아이와 황산이페스 조아이가 있다.

이후 2006년도에 들어서 한국 교원 대학교 김정률 교수 연구팀은 경상남도 남해군 창선면 가인리 함안층에서 이그노토르니스 양아이를 보고했고, 록클리 교수 연구팀은 경상남도 고성군 덕명리 지역 진동층에서 고성오르니페스 마크조네스아이(*Goseongornpies markjonesi*)를 새롭게 보고했다. 이 새 발자국 화석들 가운데 몇몇은 잘 발달된 보행렬을 보이며, 때때로 부리 흔적들이 함께 발견된다. 이는 백악기 당시 새들의 습성, 행동 특성 등을 이해하는 데 좋은 자료가 된다 하겠다. 이외에도 경상남도 창원시 호계리 지역의 진동층과 경상남도 거제시 갈곶리 지역의 성포리층, 전라남도 신안군 사옥도에서도 앞서 언급한 것과 동일한 종이 발견되고, 이외에도 이와 다른 분류되지 않은 새 발자국 화석들이 발견된다. 그중 전라남도 신안군 사옥도 지역의 경우는 우리나라에서 명명된 모든 종의 새 발자국 화석이 산출된다.

25

-

악어 뼈와 악어 이빨 화석

늙은 부경고사우루스가 강가에서 물을 마시다 쓰러진다. 근처 숲이 시끄럽다. 키가 작은 식생들 사이로 작은 악어가 튀어나온다. 악어는 긴 다리로 재빠르게 달려와 부경고사우루스 사체 위로 올라간다. 주위를 살피더니 살점을 뜯기 시작한다. 또 다른 악어 한 마리가 사체 위로 올라오자 먼저 올라온 악어는 쉭쉭 소리를 내며 경계한다. 주위에는 작은 새들과 익룡들이 이 거대한 만찬에 참석하기 위해 모여든다. 악어들은 자리를 뺏기지 않기 위해 필사적으로 자기가 뜯어 놓은 고기를 지킨다.

새를 제외한다면, 악어는 공룡이 속한 집단인 조룡류(祖竜類)의 마지막 생존자이다. 조룡류는 머리뼈(두개골)의 눈구멍과 콧구

명 사이에 특이한 구멍이 있다. 현존하는 악어의 경우 이러한 특징이 보이지 않지만, 새에게는 줄어든 형태의 구멍이 남아 있으며 원시 악어의 화석에서는 이 구멍이 관찰된다. 악어, 익룡, 공룡, 그리고 그 친척들이 포함되는 조룡류는 고생대 페름기 후기에 진화해 중생대 트라이아스기 동안 다양한 집단으로 분화했다. 이 시기에 진화한 동물들이 바로 익룡과 악어, 그리고 공룡이다. 악어는 공룡과 비슷한 시기에 지구상에 출현한 후 약 2억 년 동안 겉모습이 변하지 않은 채 지금까지 살아남았다. 이들은 피부에 있는 딱딱한 등딱지 형태의 뼈로 된 판과 묵직한 꼬리, 짧고 강한 네 발, 그리고 날카로운 이빨이 난 강력한 턱 덕에 무시무시한 포식자가 될 수 있었다.

오늘날의 악어들은 호수나 강에 통나무처럼 누워 있다가 지나가는 어류나, 목을 축이러 오는 커다란 동물들을 공격한다. 하지만 과거에는 이와는 다르게 생활했던 악어들이 존재했다. 미국의 애리조나 주에서 발견된 쥐라기 시대 악어인 프로토수쿠스(*Protosuchus*)는 땅 위를 달리는 악어였다. 프로토수쿠스는 몸길이가 1미터 정도로 덩치는 작지만 긴 뒷다리를 이용해 반쯤 선 채로 달릴 수 있었다. 남아메리카 지역에서 발견된 노토수쿠스(*Notosuchus*)는 돼지 코를 가진 악어였다. 노토수쿠스는 발달된 코를 이용해 숲 속에서 낙엽 사이에 숨어 있는 작은 동물들을 추적했을 것으로 추정된다.

우리나라에서도 이러한 중생대 원시 악어들의 흔적이 발견되었다. 2002년 여름, 이융남 박사(당시 한국 지질 자원 연구원)는 경상남도 하동군의 무인도 장구섬에 분포하는 하산동층에서 국내 최초로 거의 완벽한 악어의 머리뼈를 발견했다. 머리뼈는 담회색 세립질 사암 표면에서 머리뼈의 우측면과 윗면이 절반가량 노출된 상태로 발견되었다. 머리뼈의 길이와 높이가 각각 5.2센티미터, 2.5센티미터인 소형 악어로, 머리뼈를 제외한 나머지 부분은 발견되지 않아 화석화 과정 중 머리뼈만 분리되어 묻힌 것으로 추정된다. 머리뼈 우측 상부로부터의 압력으로 인해 외형상 약간의 변형과 파손 상태를 보이지만, 여러 부분들이 잘 보존되어 있었다. 머리뼈에는 9개의 이빨이 좌우 위턱에 배열되어 있었는데, 발견된 머리뼈에 보존된 이빨의 배열 패턴을 연구한 결과, 새로운 종임을 알아냈다. 이 작은 악어는 발견된 장소의 이름을 따서 '하동수쿠스(*Hadongsuchus*)'라는 학명이 붙었다. 아직 전체 골격이 발견되지는 않았지만 아마 작은 개만 한 악어가 아니었나 생각된다. 당시 문화재청 관계자는 "이번에 발견된 악어의 두개골 화석은 국내에서 발견된 모든 육상 척추동물의 화석 중에서 가장 완벽하게 보존된 머리뼈로 중생대에 우리나라에도 악어가 서식했음을 입증하는 중요한 자료"라고 설명했다. 이 지역에서는 오리주둥이 공룡의 이빨 화석, 거북의 배갑 화석을 비롯한 다양한 무척추동물의 생흔(生痕) 화석도 발견됐다.

이 악어 머리뼈 외에 우리나라에서는 악어 이빨 화석이 여기저기서 발견되었다. 경상북도 고령과 진주, 그리고 전라남도 여수에서도 다양한 종류의 악어 이빨 화석이 발견되어 현재 연구 중에 있다. 아마 백악기 당시의 한반도 악어들은 강가 주변에 쓰러진 병든 공룡이나 이미 죽은 공룡의 사체를 먹고 살았거나, 작은 동물들을 사냥하며 살았을 것 같다. 하지만 당시에 살았던 거대한 육식 공룡들이 이 작은 악어들을 간식으로 즐겨 먹었을지도 모르는 일이다.

26

-

공룡 때문에 짊어진 갑옷

거북은 몸집이 작은 수륙 양생의 잡식성 동물로 트라이아스기에 처음 등장했다. 중생대 동안 이들은 육지에서 사는 초식성, 민물에 사는 잡식성과 육식성, 그리고 해면동물이나 해파리를 먹으며 덩치가 거대해진 해양성 등으로 나뉜다. 오늘날에는 250종 이상의 거북이 존재한다. 거북의 골격에서 최대의 특징이라고 할 수 있는 것은 바로 '배갑(背甲)'일 것이다. 배갑은 거북의 몸을 감싸고 있는 뼈로 된 갑옷을 의미한다. 현재 거북이라 불리는 모든 동물들은 모두 단단한 배갑을 가진다. 그럼 거북은 어쩌다 이렇게 무거운 배갑을 가졌을까?

우선 거북의 배갑의 역할에 대해 알아볼 필요가 있다. 거북의 배갑은 첫째로 방어를 위한 것이며, 둘째로 집의 역할도 하기 위한 것이다. 도마뱀이나 뱀의 경우 잠을 잘 때 몸을 숨길 만한 장소를 찾아야 한다. 하지만 거북은 배갑이 집 역할을 해 주기 때문에 잘 때마다 돌아다닐 필요가 없다.

거북의 배갑은 갈비뼈와 등뼈, 배 쪽의 빗장뼈와 갈비뼈가 발달해 만들어진 구조로, 배갑과 거북의 몸은 하나의 골격으로 되어 있다. 우리가 갈비뼈를 벗을 수 없듯이 거북들도 배갑을 벗을 수 없다. 더 나아가 배갑의 내부에는 거북의 네 발과 목, 꼬리를 움직이는 근육이 발달해 있는 한편, 다른 척추동물이 가진 등의 근육이나 배의 근육은 사라졌다.

거북은 왜 온몸을 배갑 안으로 넣게 된 것일까? 거북이 처음으로 등장한 중생대 초에는 다양한 파충류가 나타났고 특히 육상에는 공룡이 진화했다. 화석 기록을 보면 거북이 배갑을 발달시킨 시기가 공룡이 등장한 시기와 비슷하다는 것을 알 수 있다. 거북은 공룡과 같은 대형 육식 동물들로부터 몸을 지키기 위해 방어 수단으로 배갑을 발달시켰을 것으로 추정된다.

과거 우리나라에서 서식했던 거북들도 육식 공룡으로부터 위협을 당했을 것이다. 경상남도 사천시 서포면 비토리 해안 일대에서 대구 경상북도 지역 화석회 회원들이 거북의 배갑 파편들을 발견했는데, 이는 백악기 시대 한반도에서도 거북들이 살았음을 보여 주고 있다. 이매패류와 오늘날 고둥 같은 복족류 화석들도 발견되었다. 전라남도 여수 지역에서도 거북의 배갑으로 추정되는 화석이 발견되어 현재 연구 중이다.

한편 거북알도 발견되었다. 전라남도 보성 선소 공룡알 화석 지역에서는 공룡알 발굴 중 거북알 화석이 동시에 발견되었다. 공룡알 산란 지역에서 나온 거북알은 거북과 공룡과의 관계에 대해 많은 생각을 하게 만든다. 혹시 이 거북들이 공룡알을 훔쳐 먹지는 않았을까? 기후적인 요소들로 인해 산란되지 못했을 수도 있으나 보성 공룡알 산지에는 제대로 된 공룡 배아 화석이 하나도 발견되지 않았다. 전라남도 보성 공룡알 화석지에서 처음 거북뼈로 발표된 뼈 화석은 2015년 박진영 연구원(현 대중을 위한 고생물학 자문단)이 중생대 최대 크기의 육상 도마뱀 화석으로 '아스프로사우루스 보성리엔시스(*Asprosaurus boseongriensis*)'라는 새로운 이름으로《백악기 연구》에 발표했다.

셰일층의 물고기

어류는 공룡보다도 오래된 동물들이다. 어류의 역사는 공룡보다 훨씬 이전인 고생대부터 시작했다. 약 5억 년 전 지층에서 발견된 하이코우이크티스(*Haikouichthys*)는 지금까지 발견된 어류 화석 중 가장 오래된 것이다. 그 뒤로 온몸을 갑옷으로 무장한 갑주어(ostracoderm)와 판피어(Placoderm) 등의 원시 어류 상어와 같은 연골어류, 실러캔트와 같은 경골어류 등이 등장했다. 시간이 흐르면서 원시 어류는 멸종했지만, 연골어류와 경골어류는 그 수가 계속 늘었으며, 우리의 식탁에까지 오르게 되었다.

어류는 많은 다른 동물들에게 좋은 식량 자원이 되어 주고 있다. 물론 손쉬운 먹잇감은 아니겠지만 말이다. 과거에도 마찬가지였을 것이다. 실제로 몽골에서 발견된 타르보사우루스의 화석에서 어류의 척추 화석이 발견된 사례가 있으며, 유럽과 남아메리카, 아프리카 지역에서는 어류를 전문으로 사냥하는 육식 공룡인 스피노사우루스류(*Spinosaurs*)가 등장했다. 우리나라에서 현재 백악기 진주층에서 다양한 담수성 어류의 화석이 발견되었다. 우리나라에서도 마찬가지로 육식 공룡들이 물고기를 잡아먹는 경우가 있었겠지만 직접적인 증거는 발견되지 않았다. 다만 우리나라에서 발견된 수각류 발자국들 중에서 스피노사우루스류의 것이 존재할 확률도 있다.

우리나라 중생대의 어류 화석은 백악기 진주층의 흑색 또는 암회색 셰일층 내에서 주로 발견된다. 경상북도 군위군, 달성군, 성주군 등지에 분포하는 진주층(동명층)과 경상남도 진주시 진주 IC 부근, 유수리 지역과 하동군 진교면, 합천군 쌍책면 등지의 진주층에서 어류 화석들이 산출된다는 것이 1998년 김태완과 엄기성이 전국 과학 작품 전람회에 출품한 과학 작품에서 보고되었다. 이때 경골어류인 시나미아(*Sinamia*)의 존재를 확인했고 기타 백악기 담수 어류의 여러 분류학적 형질을 관찰했으나, 본격적인 연구는 시행하지 않았다. 이은선은 경북 대학교 석사 학위 논문으로 경상층 군산 백악기 담수 어류 화석에 관해 연구해 경상북도 군위군 우보면 나호리의 동명층(진주층)에서 채집한 어류 화석 17점의 분류 형질을 파악해 3개의 과(Family)로 분류했다. 그 후 요시타카 야부모토와 양승영 교수는 2000년 경상남도 진주시 진주 IC 부근에서 발견한 어류 화석을 와키노이크티스 아오키아이(*Wakinoichthys aokii*)를 동정해 발표했다. 이외에도 우리나라에서는 경린어류인 레피도테스(*Lepidotes*)가 발견되기도 했으며 진주층보다 더 오래된 하산동층에서도 시나미아 어류 화석이 발견되기도 했다. 이후에도 경상북도 고령군, 칠곡군과 경상남도 사천시 등지에서 다양한 담수 어류가 추가로 발견되기도 했다.

28

-

암모나이트가 없는 이유

우리나라 중생대 백악기 지층에서는 다양한 연체동물 화석들이 발견되고 있다. 이들은 주로 공룡 화석 산지 일대에서 다량 발견되고 있어 당시 백악기 호숫가에는 그들이 살기가 좋은 환경이 조성되어 있었을 것으로 짐작된다. 한반도 공룡 시대 연체동물 화석들은 주로 이매패류와 복족류이다. 이매패류는 한 쌍의 껍질을 가지는 연체동물로, 오늘날의 키조개나 바지락 등이 대표적이다. 복족류는 '배에 발이 있는 무리'라는 뜻으로, 등에 나선형 껍질을 가지고 배로 기어 다니는 오늘날의 달팽이나 소라가 대표적이다.

우리나라 연체동물 화석에 관한 연구는 1945년 광복 이전 일제 강점기 동안 일본인 고생물학자들을 중심으로 연구가 이루어졌다. 광복 이후 1973년도까지는 거의 연구가 이루어지지 않고 있다가 1974년 이후 경북 대학교 양승영 교수가 다시 연구를 시작하면서 현재에 이르고 있다. 특히 이매패류와 복족류를 중심으로 종을 분류하는 고생물학적인 연구가 진행되면서, 이러한 화석들이 주로 우리나라 남해안을 따라 분포하는 백악기 퇴적층에서 다량 산출됨을 확인했다.

경상남도 하동군 금남면 수문리, 대도리 등지, 진교면 양포리 해안, 방아섬과 장구섬 일대에서, 경상남도 사천시 곤양면, 서포면 해안 등지에 분포하는 하산동층에서 이매패류인 트리고니오데스 코다이라이(*Trigonioides kodairai*), 프리카토우니오 낙동엔시스(*Plicatounio naktongensis*), 스키스토데스무스 안티쿠스(*Schistodesmus antiqus*) 등이 발견되거나 신종으로 기재되었고, 이매패 화석이 흔히 산출되는 지역과 동일한 지역인 경상남도 하동군 진교면 양포리 해안과 가덕리 한치마을 해안, 방아섬과 장구섬, 금남면 수문리 해안, 대도리 해안, 경상남도 사천시 곤양면과 서포면 해안가의 하산동층에서 복족류인 비비파루스(*Viviparus*)와 브로티옵시스(*Brotiopsis*) 등이 발견되었다. 특히 경상남도 하동군 진교면 양포리 해안과 가덕리 환치 마을 해안에서는 복족류인 브로티옵시스 와키노엔시스(*Brotiopsis wakinoensis*)가 매우 높은 밀도도를 보이면서 층상으로 밀집되어 산출되는 것이 특징적이다. 여수 공룡 화석 산지들 중 하나인 낭도에서는 복족류 화석이 다량 산출되었고, 여수 송도 해안가 하산동층에서는 이매패류 화석들이 잘 보존되어 있다.

중생대를 대표하는 연체동물로는 두족류에 속하는 암모나이트도 있다. '머리에 발이 있는 무리'를 뜻하는 두족류는 오늘날 오징어와 문어도 포함한다. 암모나이트 또한 이들과 비슷한 생김새를 가진다. 이들이 모습은 마치 단단한 달팽이 모자를 쓴 낙지와도 같다. 껍질은 복족류의 것과 매우 유사하지만, 복족류와는 달리 이들의 껍질 내부에는 물속에서 부력을 조절하는 데 유용한 여러 개의 기실(気室), 즉 공기방들이 있다. 이들은 시대에 따라 껍질에 나타나 있는 무늬와 껍질의 전체적인 모양이 각기 다르다.

세계의 많은 학자들은 중생대를 세분화하는 데 암모나이트 화석을 주로 사용한다. 하지만 우리나라에서는 암모나이트 화석이 전혀 발견되지 않는다. 중생대 때 우리나라가 육지였기 때문이다. 만약 중생대 때 바다 속에 잠겨 있었으면 다양한 종류의 암모나이트 화석들이 발견되었겠지만, 대신에 그 많은 공룡 발자국 화석들은 발견되지 않았을 것이다.

29
-
공룡 시대 곤충 화석

8000만 년 전, 거대한 부경고사우루스 무리가 좋아하는 나무들을 뜯어먹고 있다. 매미들은 뜨거운 여름의 아침에 귀가 찢어질 정도로 징징거리고, 귀뚜라미들은 쩍쩍 울면서 거대한 초식 동물들을 피해 재빨리 움직인다. 부경고사우루스의 식사는 상당히 오랜 시간이 필요한 일이다. 이 거대한 동물들은 주위를 돌아다니는 작은 생물들은 감지하지도 못한다. 기생충들이 자갈밭 같은 공룡 피부 위를 돌아다니며 피를 빨아 마신다. 이 흡혈 생물들을 노리는 수백 마리의 물잠자리, 잠자리, 말벌이 윙윙거리며 파충류의 피부에서 기생충들을 집어낸다.

곤충류는 다리에 마디가 있는 동물 무리인 절지동물에 속한다. 절지동물은 약 5억 년 전인 고생대 캄브리아기에 다양한 형태로 등장했으며, 약 3억 9000만 년 전 데본기에 바다 속에서 서서히 육상으로 진출하면서 다양한 마디의 절지동물들의 육상 생활이 본격적으로 시작되었다. 고생대 데본기 초기에 날개가 없는 원시 무시아강(Apterygota)에 속하는 곤충이 처음 출현한 이후 석탄기 중기에 날개를 갖춘 무변태 유시아강(Pterygota)이 나타났으며 페름기에는 완전변태 유시아강이 확산되었다.

고생대 이후 곤충은 석탄-페름기, 쥐라기 초기, 백악기 초기, 제3기 에오세의 네 차례 번성기를 누렸으며, 트리아스기 초기와 백악기 후기 및 팔레오세에 쇠퇴기를 겪었다. 하지만 전체적으로 낮은 멸종률과 지속적인 출현율 덕분에 곤충의 다양성은 증가해 왔다. 특히 무수한 나무들로 빽빽한 석탄기의 숲 속에서 곤충들은 폭발적으로 진화하기 시작했다. 오늘날 지구상의 동물 가운데 75퍼센트가 곤충임을 감안한다면 이 곤충들은 고생대부터 지금까지 지구의 환란에도 불구하고 끊임없이 진화하고 있는 것이다. 무더운 여름날 곤충들이 우리를 괴롭히듯이 중생대 백악기 때도 공룡들을 괴롭혔을 것이다.

백악기에는 최초로 사회성을 지닌 벌과 원시 말벌에서 진화한 최초의 개미가 등장했다. 재미있게도 이 사회적인 곤충들이 등장할 시기에 꽃이 등장한다. 꽃들은 이러한 곤충들을 색과 향으로 유혹해 수분을 돕는 데 이용했다. 그 후로 곤충과 꽃은 서로 병행하며 같이 진화하고 성공했다. 이때 맺어진 이들의 관계 덕에 현재 우리는 다양한 열매들을 맛보고, 화려한 꽃을 선물받을 수 있게 되었다.

곤충은 지질 시대를 통틀어 가장 복잡하게 진화한 무척추동물 중의 하나였고, 현생 동물 중 최대의 분류군을 형성하고 있다. 곤충에는 엄청나게 다양한 종이 포함되나, 종 내에서의 형태적 변화는 크지 않아 현생종과 화석종이 크게 달라 보이지 않는다. 곤충 화석은 일반적으로 껍질이 견고하지 못해 화석화 작용에 있어서 불리한 편이라 다른 동물에 비해 화석의 산출량이 적은 편이다. 우리나라에서 발견된 다양한 곤충 화석들 가운데 날개를 가진 곤충 중에는 날개 맥이 선명하게 보존되어 곤충의 계통 진화를 연구하는 데 큰 도움이 되기도 한다.

전 세계적으로 산출량이 비교적 적음에도 불구하고 우리나라에서는 매우 다양한 종류의 중생대 곤충류 화석이 발견되고 있다. 중생대 경상남도 진주 지역 백악기 동명층에서는 잠자리, 사마귀, 바퀴, 딱정벌레, 약대벌레, 꽃등에, 벌, 모기, 귀뚜라미, 노린재, 메뚜기, 매미, 집게벌레, 바구미 등 매우 다양한 곤충 화석들이 발견되었다. 동명층에서 벌과 꽃 등의 화석이 발견되는 것으로 보면, 백악기 시대에 꽃과 곤충의 뗄 수 없는 관계가 우리나라에도 있었던 모양이다.

한편 전라남도 함평군 학교면과 대동면 일대 백악기 퇴적층에서 나와 정철환 연구팀은 함평 지역에서 산출된 곤충 화석에 대한 예비 연구로 보존 상태가 양호한 딱정벌레 화석을 중심으로 기재, 분류해 고생물학적 의미를 고찰했다. 딱정벌레목에 속하는 곰보벌레과(Cupedidae), 물방울벌레과(Eucinetidae), 잎벌레과(Chrysomelidae), 먼지벌레과(Carabidae), 물맴이과(Gyrinidae) 등이 확인되었다. 딱정벌레는 오늘날 전체 동물계의 25퍼센트를 차지하는 대표적인 곤충 종으로 시초(翅鞘)라는 독특한 외골격을 갖고 있어 다른 곤충과 쉽게 구별될 뿐만 아니라 화석으로 보존되는 데에도 유리하다. 함평 분지의 딱정벌레 화석은 대부분 머리와 다리가 남아 있지 않고 앞가슴 등판과 시초 등으로 이루어져 있으나, 일부 표본은 등 부위와 배 부위가 함께 있어 입체적인 형태에 대한 단서를 제공해 주었다. 이 딱정벌레 화석군에는 균류에서부터 식물과 다른 무척추동물에 이르기까지 다양한 섭생 형태가 포함되어 있으며 각 종의 생태학적 특성 및 산출상을 고려해 볼 때 이 곤충 화석군은 육상, 수생 및 삼림 등 다양한 생태계에서 서식하던 종들로 이루어져 있다.

경상남도 사천시 서포면 자혜리 해안 지역에 분포하는 백악기 초기 진주층에서 부경 대학교 백인성 교수팀이 날도래 유충의 집단 서식지 화석을 발견했다. 날도래는 산소가 풍부한 담수 환경의 1급수에서 서식하는 나방과 유사한 곤충으로, 진주층에서 발견된 이 화석은 날도래 집단 서식지 화석으로는 지구상에서 가장 오래된 것임은 물론, 아시아 지역에서는 유일한 것이다.

날도래 화석은 공룡 시대 바로 이전인 고생대 페름기부터 산출되나, 집단 서식지 화석의 경우에는 전 세계적으로도 매우 드물게 발견되며, 지금까지 보고된 것도 모두 신생대 지층의 것들이다. 이 화석이 발견된 곳은 백악기 당시 얕은 호수 지역으로 이 지역의 주변 지층에서는 공룡 발자국 화석도 산출된다. 이는 이 지역의 호수가 백악기 당시 공룡들의 훌륭한 물 공급처로 이용되었을 가능성을 보여 준다. 이 화석에 대한 연구 결과는 2005년 지구 고환경 연구 분야를 다루는 국제 전문 학술지《고지리, 고기후, 고생태》에 게재되었다.

30

-

작은 것이 아름답다

조개껍질 모양에 몸은 게나 새우와 비슷하며, 크기는 좁쌀만한 동물을 개형충이라 부른다. 개형충은 사실 아주 우스꽝스럽게 생긴 동물이다. 겉모습은 조개 같지만, 사실 조개와는 거리가 멀다. 조개는 살이 말랑말랑한 연체동물이고 개형충은 단단한 껍질을 가진 갑각류에 속한다. 가재나 게, 새우가 대표적인 갑각류이다. 이 작은 동물들은 사실 공룡보다 훨씬 이전부터 생존했으며, 공룡이 멸종한 지 6500만 년이 지난 지금도 살아 있다. 어쩌면 바퀴벌레보다도 끈질긴 동물들이 아닐까 싶다. 개형충은 오랜 지질 시대를 거치면서 눈부신 생태적 방산을 통해 담수, 기수, 해수는 물론 초염수, 심지어 극지방의 극한 육상 환경에서도 적응해 서식하고 있다. 또한 개형충은 해안에서 심해까지 모든 바다 환경에서도 서식하고 있다.

이들은 껍질 밖으로 튀어나온 다리를 이용해 수영을 하기도 하고, 방어를 해야 할 때에는 껍질에 붙은 인대를 잡아당겨 껍질을 닫는다. 안정을 되찾고 껍질을 다시 열 때에는 껍질 윗부분이 경첩 구조를 하고 있어 껍질을 딱 고정시킨다. 중생대의 개형충은 고생대의 것에 비해 작으며 껍질에 남아 있는 인대와 근육의 흔적이 단순하다. 진화를 거듭하면서 껍질 표면 장식은 더욱 세밀하고 다양해졌다. 개형충은 종류마다 생식에 적합한 적정 온도가 다르다. 그렇기 때문에 각자 적정 수온을 찾아 돌아다닌다. 두 지역의 개형충이 다르면 두 지역의 온도가 다르다. 개형충 화석만 있으면 당시 환경을 좀 더 정확하게 복원할 수 있다.

학자들은 육안으로 보기 어려운 아주 작은 화석들을 미화석(microfossil)으로 분류한다. 중생대의 미화석으로는 꽃가루인 화분(花粉) 화석을 비롯해 규조류 화석, 유공충 화석, 방산충 화석, 편모충류 화석 등이 있다. 대부분 1밀리미터보다 작은 개형충은 이러한 미화석들 가운데 유일하게 고등 동물에 속한다.

화분은 꽃을 피우는 속씨식물(angiosperms)이 만드는 생식 세포이다. 꽃 수술의 꽃밥 안에서 만들어지는 화분은 암술머리에 붙는 수분 과정을 거쳐 씨앗을 형성한다. 환경에 따라 다른 식물이 존재하고, 다른 종류의 식물이 존재하면 다른 종류의 화분이 존재한다.

결국 환경이 다르면 서로 다른 종류의 화분들이 존재하게 된다. 고사리와 같은 하등 식물의 경우는 화분이 아닌 포자를 이용해 번식한다. 화학적으로 산에 강해 산 처리를 해서 연구를 하기도 한다. 화분은 바람, 물, 동물 등을 사용해 이동하며, 바람이 화분을 운반시키는 꽃을 풍매화, 곤충이 화분을 운반시키는 꽃을 충매화라고 한다. 충매화는 백악기에 사회성 곤충인 벌과 개미가 나타남에 따라 등장한 것이다. 규조류(Diatom)는 조류의 종류로서 황조 식물로 분류하기도 하고, 규조식 물문으로 독립시키기도 한다. 민물과 바닷물에 널리 분포하는 식물 플랑크톤이며 수중 생태계의 생산자이자 어패류의 먹이로도 중요하다. 모두 단세포이고 규산질(SiO₂)로 된 단단한 껍질이 있다. 껍질은 위 껍질과 아래 껍질로 구별되며 위 껍질이 아래 껍질을 반쯤 덮고 있어서 벼루와 벼루 뚜껑처럼 가까이 붙어 있다. 따라서 위에서 본 모양과 옆에서 본 모양이 다르다. 껍질에는 기하학적인 여러 가지 무늬와 돌기가 있어서 아름다운 무늬를 나타낸다.

유공충(Foraminifera)은 석회질(CaCO₃) 껍데기가 있는 근족충류로 원생동물 중에서는 큰 편에 속하며, 보통은 1밀리미터 이하

인데 11센티미터에 이르는 큰 종도 있다. 대부분 바다에서 살며 대양의 바닥을 기어 다니는 저서성 유공충류와 바다 위를 떠돌아다니는 플랑크톤 생활을 하는 부유성 유공충류가 있다. 하지만 대부분은 저서성이다. 모두 대량으로 퇴적해 두꺼운 유공충 연니를 형성한다. 부유성 유공충은 주로 10~100미터 깊이의 바다에 살며 수명은 2~4주로 아주 짧다. 저서성 유공충은 이와 달리 조간대 또는 심해저에 서식하며, 수명은 수개월에서 수년 정도이다. 화석화된 유공충 흔적은 지질 시대 해수면의 변화와 해수의 온도 등을 알려 주며, 산소 동위 원소를 통해 이들이 살아 있을 때 생태 환경 등에 관한 정보도 제공한다.

방산충(Radiolaria)은 원생동물에 속하는 해양성 플랑크톤들로 대부분 공 모양이고, 규소 성분의 껍질에 매우 가느다란 실 모양의 헛발(pseudopodia, 위족)이 방사상으로 많이 나와 있어 아름다운 모양이다. 방산충은 열대 해역에서 흔히 볼 수 있다. 규조류와 같은 식물 플랑크톤이나 작은 동물 플랑크톤을 헛발로 잡아먹고 사나, 그중에는 노란색의 공생조(Zooxanthellae)를 가지고 광합성을 하는 것도 있다. 약 6억 년 전부터 서식하고 있는 가장 오래된 생물이며, 그 골격은 방산충 규암이나 방산충 연니와 같은 해양 퇴적층을 형성하기도 한다. 이 외에 석회비늘편모류

(*Coccolithophore*)는 착편모강(*Haptophyceae*)에 속하는 단세포의 해양 극소형 식물 플랑크톤들과 규질편모충류(Silicoflagellates)와 와편모충류(*Dinoflagellata*) 등 다양한 미화석들이 지질 시대의 한 축을 담당해 왔다.

우리나라 중생대 지층에는 바다에서 사는 유공충이나 해양성 미화석은 하나도 발견되지 않는다. 다만 무수한 담수성 개형충들과 화분 화석만이 발견되고 있다. 백악기 당시 바다가 아닌 강이나 호수 같은 육성 환경들만이 존재했다는 증거이기도 하다.

한반도 중생대 개형충 화석 연구는 경상남도 진주층에서 고려 대학교 백광호 교수팀 연구가 중단되고 지금은 한국공룡연구센터 최병도 연구원을 중심으로 매우 활발하게 연구가 진행되고 있다. 주로 진주 지역의 진주층과 전라남도 함평 지역, 해남 우항리 지역, 여수 사도, 화순 지역 공룡 화석지에서 공룡 연구와 함께 개형충 화석 연구를 병행하고 있다. 내 제자인 몽골 유학생 뭉흐체첵은 최근 전라남도 함평 분지와 몽골 고비 사막 퇴적암에서 개형충을 비교 연구했다.

31

-

다양한 동물들의 흔적, 생흔 화석

고생물 자체가 화석이 된 것을 (몸)체화석, 고생물의 활동으로 남겨진 흔적을 생흔 화석이라 한다. 보통 주목받는 것은 공룡의 뼈, 이빨, 발톱, 두개골 등의 체화석이다. 하지만 체화석 못지않게 생흔 화석도 중요하다. 생흔 화석은 체화석으로는 알 수 없는 고생물의 행동에 대해 알려 주기 때문이다. 생흔 화석에 속하는 것으로는 공룡들 발자국 화석, 공룡알, 절지동물이 기어간 자국, 조개 등의 생물이 구멍을 판 자국, 육식 공룡이 물어뜯은 자국, 배설물 등 여러 가지가 있다. 생흔 화석은 동물의 행동 양식에 따라 여러 가지 형태로 만들어지며, 같은 종류의 생물이더라도 다양한 형태가 남을 수 있어 경우에 따라 연구에 혼동을 야기하기도 한다.

몇몇 생흔 화석 흔적들은 오늘날에도 관찰이 가능한 흔적들과 유사하다. 아시아에서 최초로 해남 우항리에서는 절지동물이 S자 모양의 궤적을 그리며 걸어간 생흔 화석이 발견되었으며, 경상북도 군위군 우보면에서는 여러 종류의 절지동물들이 기어간 보행렬 화석이 발견되었다. 절지동물의 체화석이 발견되지 않아도 이 보행렬을 남긴 동물을 추측해 볼 수 있다.

하지만 가끔 오늘날에는 전혀 찾아 볼 수 없는 흔적들이 생흔 화석으로 발견되기도 한다. 이런 경우 학자들은 골머리를 앓는다. 경상남도 진주에서는 벌집 모양의 생흔 화석이 발견되었는데, 당시 이를 연구한 학자들은 이것이 정확히 무엇인지 알지 못했다. 결국 팔레오딕티온(*Palaeodictyon*)이라 불리는 생흔 구조라 생각해 학계에 보고했다. 하지만 최근에 이것이 공룡의 피부 인상 화석임이 밝혀졌다.

육식 공룡이 어떻게 식사를 했는지를 보여 주는 생흔 화석이 우리나라에서 발견되었다. 부경 대학교 백인성 교수 연구팀은 경상남도 하동의 약 1억 년 전 중생대 백악기 전기 지층에서 나온 초식 공룡 부경고사우루스의 꼬리뼈에서 지금까지 보고된 육식 공룡의 이빨 자국 가운데 가장 길고, 두꺼운 이빨 자국 흔적을 발견했다고 보고했다. 길이 17센티미터, 폭 2센티미터, 깊이 1.5센티미터로 육식 공룡이 부경고사우루스의 사체를 뜯어 먹는 과정에 남겨진 흔적으로 추정되는데, 육식 공룡의 이빨 흔적 2개가 나란히 발달되어 있고 단면이 날카로운 W자 형태를 보여 주고 있다. 이외에도 부경고사우루스의 꼬리뼈에서는 여러 가지 모양과 크기의 이빨 자국이 발견되었다. 이를 통해 당시 우리나라에 서식했던 육식 공룡들의 습성과 먹이 섭취 방법에 대해 알게 되었다. 이 중요한 과학적 사실은 BBC와 《네이처(*Nature*)》에서 자세히 소개되기도 했다.

발견된 이빨 자국이 전체적으로 둥근 형태이므로 티라노사우루스류의 흔적일 가능성이 있다. 육식 수각류 공룡들은 기본적으로 몸의 형태는 비슷하나 종류마다 섭식 방법과 사냥감이 달랐다. 뼈 화석과 함께 발견되는 이빨 화석을 통해 알 수 있다. 알로사우루스와 사우로포가낙스(*Saurophaganax*)가 포함되는 카르노사우루스류와 카르노타우루스(*Carnotaurus*)가 포함되는 아벨리사우루스류, 벨로키랍토르가 포함되는 드로마에오사우루스류의 경우 이빨이 뾰족하지만 납작하다. 이들의 이빨은 살점을 뜯기 알맞게 진화되었다. 납작한 이빨들은 좌우로 스트레스를 받을 경우 쉽게 부러져 버리기 때문에 수각류는 먹잇감의 뼈와 이빨이 부딪혀 이빨이 부러지는 경우가 많았을 것이다.

미국에서 발견되는 수많은 초식 공룡의 뼈 화석에서는 알로사우루스의 것으로 추정되는 이빨 자국이 발견된다. 하지만 알로사우루스의 이빨 자국은 뼈를 살짝 그어 버린 정도의 흔적들이 대부분으로 납작한 이빨이 뼈를 물어뜯기에는 부적합했다는 것을 의미한다. 반면 티라노사우루스의 이빨은 전체적으로 둥글며, 바나나와 비슷한 형태다. 이런 구조의 이빨은 뼈를 쉽게 부수어 버릴 수가 있다. 북아메리카 지역에서 발견되는 많은 트리케라톱스와 오리주둥이 공룡의 뼈 화석에서는 이러한 두꺼운 이빨이 긁혀 둥근 자국이 남은 경우가 많다. 이들의 둥근 이빨 자국 형태는 부경고사우루스의 꼬리뼈에 남겨진 것과 유사하지만 자세한 비교 연구가 이루어지지 않는 한 정확하게 답을 내리기는 어렵다.

32

-

초식 공룡이 먹은 것

식물은 생태계에서 아주 중요한 역할을 한다. 식물은 우리가 지금 호흡하고 있는 대기에 산소를 공급하며, 태양으로부터 오는 에너지를 지구상의 동물들에게 전달해 주는 역할을 한다. 지구상의 거의 모든 생물들이 식물에 의존하면서 살고 있기 때문에 식물은 지구상에서 없어서는 안될 만큼 중요하다.

미국의 몇몇 학자들은 공룡들이 커진 이유를 당시의 대기 산소 농도와 식물에게서 찾을 수 있다고 주장한다. 앞에서 소개한 속이 빈 보성의 공룡알에서 추출한 중생대 공기를 분석한 결과 산소 농도는 29.5퍼센트가 나왔으며, 알껍데기 속에 보존된 기포에서 추출한 공기 역시 이와 비슷한 값이 나왔다. 이는 중생대 때 지구 대기의 산소 농도가 현재보다 훨씬 높았음을 보여 준다. 산소 농도가 높았다는 이야기는 당시 식생들이 크고 다양했음을 의미한다. 크고 다양한 식생들을 섭취한 초식 공룡들 역시 커졌다. 이때 높은 산소 농도는 공룡들이 크게 자라는 것을 도와주었을 것이다. 산소량이 풍부하다 보니 초식 공룡들은 코끼리보다 수십 배 더 크게 자라도 호흡에는 큰 문제가 없었다. 이렇게 초대형 초식 공룡들이 나타나자 육식 공룡들은 이 거대 먹잇감들을 쓰러뜨리기 위해 똑같이 거대해졌다. 결국 식물들이 커졌기 때문에 공룡들이 커졌다는 해석이 나온다. 구체적인 증거는 아직 없지만, 식물이 공룡들의 생활에 큰 영향을 준 것만은 확실하다.

백악기부터 꽃을 피는 속씨식물이 등장한다. 속씨식물들은 빠른 속도로 전 세계로 퍼져 나갔으며, 이는 지구상의 모든 공룡들에게 변화를 가져다주었다. 겉씨식물밖에 없던 쥐라기 시대와는 달리 백악기에는 다양한 속씨식물들을 섭취하기 위해 다양한 이빨과 턱 구조를 가진 초식 공룡들이 진화했다. 초식 공룡들이 다양해지자 육식 공룡들도 다양한 먹이를 사냥하기 위해 다양하게 진화했다. 이렇듯 식물들의 작은 변화가 공룡 왕국뿐만 아니라 지구 전체에 영향을 끼쳤다.

우리나라 중생대 식물 화석은 주로 중생대 초에 해당하는 지층들에서 발견된다. 대동누층군이라 불리는 하부 중생대층들은 문경, 보령, 단양, 경기 탄전 지역의 분지 등에서 나타나며, 각 지역들에서 다종다양한 식물 화석들이 발견되고 있다. 발견된 식물 화석들은 근거로 당시 우리나라가 열대-아열대의 환경이었음을 알 수 있다.

우리나라에서는 식물 화석보다 나무줄기가 주를 이루는 목재 화석이 다량 발견되고 있다. 목재 화석은 다양한 무기물들이 목본 식물의 목재 조직에 침투해 암석화된 것이다. 한반도 중생대 퇴적층의 식물 화석에 대해서는 1887년 대동층군에서 산출된 펠릭스의 목재 화석 보고가 최초이고, 이후 오구라, 시마쿠라 등 일본인 학자들이 다수 연구를 수행하여 한반도 상부 및 하부 중생대의 고식물상에 대한 개요가 파악되었다. 이후 일본 학자와 국내 학자가 공동으로 남한의 대동층군 식물 화석에 대한 일련의 연구를 수행했고 1996년 한국 지질 자원 연구원 전희영 박사가 한반도 중생대 고식물상에 대한 전반적인 연구를 수행했다.

전북 대학교 김경식 교수는 한반도 백악기 목재 화석을 체계적으로 연구하고 있는 대표적 학자이다. 그는 한반도 중생대 목재 화석의 대표적인 산지인 경상북도 구미시 학루지, 안동시 위리, 영양군 감천리, 전라남도 구례군 토금, 여수 사도와 낭도, 신안군 병풍도 등에서 여러 종류의 새로운 목재 화석 신종을 발표했다. 해남 지역의 경우 탄소가 많이 남아 있는 탄화목 수십 점이 발견되었는데, 이는 목재가 타서 형성되었을 것으로 보고 있다. 대기 중 높은 산소 농도로 인해 자연 발화가 발생하여 형성된 것이 아닐까 추측할 수 있다.

한반도 중생대층에서 산출된 목재 화석의 특징은 모두가 구과 식물이라는 점이다. 특히 구과 식물 중에서도 소나무류 화석이 산출된 바 없고 모두 남양삼나무류(*Agathoxylon*), 낙우송류(*Taxodioxylon*), 멸종된 구과 식물로 간주되는 제노지론(*Xenoxylon*) 등이 주류를 이룬다는 것이다. 이들은 구과 식물 중에서도 원시적인 식물군이다. 경상누층군을 중심으로 중생대 목재 화석 산지들은 대부분 백악기 중부 또는 상부로 분류된다.

일본의 경우 홋카이도 백악기 상부층에서 소나무류의 목재 화석이 많이 산출되고 쌍자엽식물의 목재 화석도 산출된다. 당시 일본과 한반도 고식물상이 약간 차이가 있었더라도 지금까지 연구된 목재 화석에 근거하면 한반도 상부 중생대의 숲은 비교적 원시적인 구과 식물들로 구성되어 있었고 속씨식물들은 소규모로 생육했을 가능성이 있다. 이를 종합하면 한반도 백악기 말에는 이미 멸종되었거나 쇠퇴한 원시적인 다양한 구과 식물들과 고사리 등으로 구성된 중생대 전형적인 식물상이 백악기 말까지 유지되어 여러 지역에 풍부했을 것으로 보인다. 결국 목재 화석이 산출되는 지역들에서 공룡 발자국 화석이 다량으로 발견되는 것은 공룡의 먹이가 될 수 있는 원시적인 중생대 식물이 풍부했기 때문으로 생각된다.

33
-
숨 쉬는 바위 스트로마톨라이트

밤하늘의 별

섬세한 준혁이

뜀뛰는 캥거루

숨 쉬는 바위

거지왕 태원이

책만 읽는 윤석이

담배를 끊어서 때깔 좋은 경규형

예능 프로그램 「남자의 자격」에서 기타리스트 김태원이 오스트레일리아에서 지은 노래 「배낭여행」의 일부분이다. 지질학에 관심 있다면 쉽게 눈치 챌 것이다. '숨 쉬는 바위'는 샤크 베이 해변에서 볼 수 있는 스트로마톨라이트(stromatolite)다.

35억 년 전 암석에서도 발견되기 때문에 많은 사람들은 이것을 '살아 있는 화석'이라 부른다. 하지만 스트로마톨라이트는 미생물들이 만든 퇴적 구조다. 한마디로 화석이 아니라 생명체가 만드는 특이한 형태의 생물 퇴적 기록으로서, 초기 지구 생명체의 탄생과 기원에 대한 이해와 초기 지구에서 산소의 형성과 관련한 정보 등 지구의 진화 및 역사를 이해하는 데 매우 중요한 지질 기록이다. 미생물들이 이렇게 거북 등처럼 생긴 구조를 어떻게 만들었을까? 이 특별한 퇴적 구조를 만드는 미생물이 바로 남세균(남조류) 또는 시아노박테리아(Cyanobacteria)다. 오늘날의 식물처럼 광합성을 해 에너지를 얻는 남세균들은 산소를 내뿜고 끈끈한 석회질 성분들을 분비한다. 이때 물에 떠다니던 가는 모래 입자들이 이 끈끈한 물질에 포획되어 층층이 쌓인 것이 오랜 시간 동안 계속되면 스트로마톨라이트 구조가 나타난다.

스트로마톨라이트는 퇴적 환경에 따라 기둥 모양, 돔 모양, 원뿔 모양, 판상 모양 등 다양한 형태로 성장한다. 35억 년 전 이후 선캄브리아대(지구 탄생~5억 4200만 년 전) 지층에서 세계적으로 흔히 발견되는 것으로 보아 당시 남세균들이 바다 속에서 활발히 산소를 내뿜어 바다가 산소로 과포화 상태에 이르렀음을 알 수 있다. 과포화된 산소가 바다에서 대기권으로 빠져나와 원시 대기에 산소를 공급하기 시작해 무려 40억 년에 걸친 이들이 노력이 지금 같은 지구의 산소를 만들어 낸 것이다. 참으로 긴 세월이 걸렸다.

원시 지구의 대기에 대한 연구를 하는 학자들에 따르면, 약 6억 년 전에 이르러서야 비로소 공기 중 산소 농도가 지금의 10퍼센트 수준에 도달했다고 한다. 남세균이 활발히 산소를 만들어 낸 덕분이다. 현재 태양의 자외선으로부터 우리를 보호해 주는 오존층 또한 남세균이 만든 것으로 밝혀졌다. 산소는 생물이 탄산염, 인산염, 키틴질과 같은 딱딱한 골격을 형성하고 몸집을 키우는 데 중요한 성분이다. 산소 농도의 증가 덕분에 생물들은 다양한 형태와 크기로 진화했다. 생물계가 진화함에 따라 남세균을 먹이로 삼는 동물들도 나타나기 시작해서, 결국 캄브리아기(5억 4200만 년 전~4억 8800만 년 전) 이후로 스트로마톨라이트의 수가 갑자기 줄어들었지만 다행히도 이러한 퇴적 구조가 사라지지는 않았다.

국내에서는 1990년대 이후부터 몇몇 학자들이 스트로마톨라이트의 중요성을 인식하고 조사한 결과 경상북도 대구, 군위, 의성 등의 지역과 경상남도 진주 지역에 분포하는 백악기 퇴적층

내에서 다양한 형태의 스트로마톨라이트가 다량 보고되었다.

경상북도 경산시 대구 가톨릭 대학교 부근에 분포하는 반야월층에서 다량 발견된 보존이 아주 우수한 반구형의 스트로마톨라이트는 중생대 백악기 호수에서 형성된 것으로서 세균 화석 함유 정도, 화석의 보존성 및 형태의 다양성에 있어서 세계적일 뿐만 아니라 생성 당시 호수의 규모나 환경을 이해하는 데 중요하다. 그 가치를 인정받아 2009년 12월에 천연기념물 제512호로 지정되었다. 또한 경상북도 경산시 은호리 지역에서도 스트로마톨라이트의 집단 산출이 확인되어 2000년에 경상북도 기념물 제136호로 지정되어 보호되고 있다. 또한 경상남도 사천시와 남해군에 분포하는 백악기 호수 퇴적층인 진주층에서는 독특한 형태의 스트로마톨라이트가 보고되었는데, 형태는 막대기형, 멍울형, 층형, 작은 기둥형에 이르기까지 매우 다양하다. 최근에는 스트로마톨라이트를 이용해 형성 당시 고기후를 해석하는 연구도 이루어지고 있다.

34

-

1억 년 전의 한반도

거대한 조각류 공룡이 돌아다니며 호수 근처에 무성히 자란 속씨식물들을 따 먹는다. 조각류 공룡 뒤에는 용각류 공룡들이 긴 목을 높게 들고는 이성을 유혹하기 위해 고래처럼 노래를 부른다. 근처 숲에서는 수각류 공룡이 둥지를 만들었다. 어미 공룡은 깃털을 가다듬고 사냥을 하러 나선다. 그동안 아비 공룡은 둥지에 앉아 알을 보호한다. 새 소리가 들리고, 작은 조각류 공룡들이 강가에서 열심히 땅굴을 파고 있다. 파수꾼 공룡은 다른 동료들이 땅을 파는 사이에 주위를 경계한다. 작은 각룡류 공룡들이 물을 마시러 숲 속에서 걸어 나온다. 호수 근처에 햇빛이 잘 드는 곳에서는 악어들이 일광욕을 즐긴다. 물가에는 작은 물새들이 모여 있다. 이들은 휘어진 부리를 이용해 물 위를 떠다니는 미생물들을 걸러 먹는다. 물을 마신 각룡류 공룡들은 자리를 뜬다. 이들이 지나간 자리에는 발자국들이 남는다. 발자국에 고인 물에는 개형충들이 바글바글하고 주변은 날도래들로 넘쳐 난다. 작은 물새들은 주변을 돌아다니며 이들을 잡아먹는다.

물가에 스트로마톨라이트가 노출되어 있다. 작은 조각류 공룡들은 이것을 다리처럼 이용해 악어들이 쉬고 있는 곳을 비켜 간다. 조각류 공룡들이 스트로마톨라이트를 밟을 때마다 공기 방울이 올라온다. 거대한 익룡들이 호수 주변에 부드럽게 착륙한다. 놀란 물새들은 흩어지지만 안정을 되찾자 다시 모여든다. 그중 가장 큰 익룡은 물고기들은 재빠르게 부리로 붙잡더니 단 한 번에 삼켜 버린다. 30미터 떨어진 곳에서 어미 수각류 공룡이 이 광경을 바라보고 있다. 어미는 천천히 조심스럽게 걷기 시작한다. 익룡들이 알아차리지 못한 것 같다. 어미는 조금씩 속도를 붙이기 시작하며 익룡에게 다가간다. 다가오는 어미 수각류 공룡을 먼저 목격한 작은 조각류 파수꾼이 괴성을 지른다. 물가에 있던 모든 악어들이 물속으로 뛰어 들어가고, 작은 조각류 공룡들은 땅굴 속으로 재빠르게 들어간다. 주위 동물들의 반응에 놀란 익룡은 근육이 많은 날개를 스프링처럼 이용해 하늘로 튀어 오른 후 날갯짓을 한다. 채 몇 초도 지나지 않아 익룡이 구름 위로 날아가 버린다. 사냥에 실패한 어미는 숨을 헐떡이며 하늘을 바라본다. 빈손으로 둥지로 돌아온 어미는 아비 앞에 앉는다. 아비의 다리 밑에는 갓 태어난 새끼들이 있다. 새끼들은 어미를 보자 꼬리를 살랑이며 반긴다. 어미 공룡은 새끼들을 핥아 준다. 어미 공룡은 새끼들이 건강히 자라 주기를 바랄 뿐이다.

우리는 끝없이 멸종된 생물들에 대해 연구하고 상상한다. 그리고 해가 지날 때마다 이루어지는 새로운 발견과 연구들로 인해 기존의 상식들이 뒤바뀌기도 하고, 추측만 해 오던 가설이 재확인되기도 한다. 비록 학자들이 연구한 화석들은 당시 생태계의 일부만을 보여 주는 제한된 증거 자료겠지만, 이를 통해 얻은 지구 환경에 대한 이해는 그 무엇과도 바꿀 수 없는 소중한 자산이다. 지금까지 우리는 중생대 이 땅에 살던 수많은 생물들의 흔적을 보았고, 또 이를 통해 알 수 있는 사실들도 살펴보았다. 1억 년 전 한반도로 돌아간다면 어떤 광경을 볼 수 있을까? 앞에서 언급한 장면을 만날 수 있을까? 이에 대한 답은 여러분만이 할 수 있다. 상상은 여러분의 몫이다.

맺음말

-

끝없는 한반도 공룡 연구 과제

미래는 모르는 것이다. 어떤 발견이 이루어질지, 어떤 연구 결과가 나올지 우리는 잘 모른다. 다만 각자의 노력이 오늘을 만들고 있다는 사실을 알 뿐이다. 그래서 내가 고생물학이라는 학문에 푹 빠져 있는지도 모르겠다. 지금 이 책을 쓰고 있는 순간에도 세계 곳곳에서는 새로운 발견들이 이루어지고 있기 때문이다. 어떤 발견들은 공룡 도감을 새롭게 채워 나갈 것이며, 어떤 발견들은 지금까지의 정설을 뒤엎을 것이다. 공룡의 세계는 멸종하지 않고 이렇게 계속 변화해 가고 있다. 가까운 미래에 멋진 발견들을 이 책을 읽고 있는 누군가가 해낼 수도 있다.

그동안 우리는 중요하고 다양한 한반도 공룡 화석 연구들을 세계에 내놓을 수 있었다. 150년 역사의 유럽의 상황에 비하면

극히 짧은 시간이었지만 한반도에서 발굴된 수많은 화석들을 통해 우리의 연구는 진일보했다. 이는 남해안 공룡 화석지를 유네스코 세계 유산으로 등재하려는 노력의 시발점이 되었다. 2012년에 개봉한 「점박이, 한반도의 공룡」은 100만 관객을 돌파하면서 중국과 일본의 극장가로 진출했고 세계 40여 개국으로 판매되는 등 놀라운 성과를 보여 주었다.

그러나 우리의 연구에는 끝이 없다. 아직도 해결하지 못한 무수한 공룡 발자국, 알 수 없는 동물 발자국 화석, 익룡 발자국, 보행렬 등의 연구에서부터 발굴을 기다리는 수많은 공룡 뼈 화석, 공룡의 산란지 연구, 공룡알 내부 구조 해석과 새끼 공룡 찾기, 백악기 후기 고기후 및 고습도 측정, 백악기 후기 공룡, 익룡, 새, 거북 등의 생존 관계, 규화목 등의 화석으로 재현된 고환경 복원, 그리고 이들을 통해 본 공룡과 파충류 관계, 온혈설과 냉혈설, 운석 충돌설과 공룡의 멸종, 공룡에서 조류로 진화했다는 이론에 이르기까지 한반도 공룡 화석으로 백악기 시대를 복원하기 위한 과제들은 무수히 많다. 중국에서 발견된 깃털 달린 공룡이 우리나라에서 발견되지 않으리라는 보장이 없다.

또한 북한의 연구 과제를 빼 놓을 수 없을 것이다. 북한 신의주에서 발견된 완벽한 두개골, 앞발 뼈 및 완벽한 깃털 모양을 가진 시조새 화석은 1996년 '프로오르니스 코레아이(*Proornis coreae*)'라는 이름으로 학술 발표된 바 있다 하나 구체적인 논문이 없어 진위를 알 수 없다. 이 화석은 중국의 콘푸시오소르니스(*Confuciusornis*)와 비교되며 전 세계적으로 가장 유명한 독일 졸렌호펜 시조새보다 더 완벽하게 보존되어 있다고 한다. 여기에 황해도 평산군 용궁리 평양-개성 간 고속도로 인근에서 1990년 발견되었다는 공룡 발자국 연구 등 북한 연구도 산재해 있다. 퇴적층 속에 감추어진 수많은 공룡 시대의 비밀들을 끄집어내는 일들이 한반도 도처에 널려 있는 것이다. 열정과 끊임없는 노력을 통해 한반도 공룡이 세계로 비상하는 시대가 열리리라고 확신한다.

그림 출처

-

그림 1-3 Hwang et al., 2008. A reinterpretation of dinosaur footprints with internal ridges from the Upper Cretaceous Uhangri Formation, Korea. *Palaeogeography, Palaeoclimatology, Palaeoecology* 258(1-2), 59-70

그림 3-2 Huh et al., 2012. First Report of Aquatilavipes from Korea: New Finds from Cretaceous Strata in the Yeosu Islands Archipelago. *Ichnos*, 19(1-2), 43-49

그림 3-3 Lockley et al., 2012. Multiple Tracksites with Parallel Trackways from the Cretaceous of the Yeosu City Area Korea: Implications for Gregarious Behavior in Ornithopod and Sauropod Dinosaurs. *Ichnos*, 19(1-2), 105-114

그림 3-4 허민 외, 2009, 한국의 공룡화석, 문화재연구소

그림 4-3 Min Huh, In Sung Paik, Martin G. Lockley, Koo-Geun Hwang, Bo Seong Kim and Se Keon Kwak, 2006, Well-preserved theropod tracks from the Upper Cretaceous of Hwasun County, Southwestern Korea and their paleobiological *implications. Cretaceous Research* 27, 123-138

그림 5-1 Lockley et al., 2008. Minisauripus—the track of a diminutive dinosaur from the Cretaceous of China and South Korea: implications for stratigraphic correlation and theropod foot morphodynamics. *Cretaceous Research*, 29(1), 115-130

그림 5-2 Kim et al., 2008. New didactyl dinosaur footprints (Dromaeosauripus hamanensis ichnogen. et ichnosp. nov.) from the Early Cretaceous Haman Formation, south coast of Korea. *Palaeogeography, Palaeoclimatology, Palaeoecology*, 262(1-2), 72-78

그림 6-2 허민 외, 2009, 한국의 공룡화석, 문화재연구소

그림 6-4 Lockley et al., 2012. Multiple Tracksites with Parallel Trackways from the Cretaceous of the Yeosu City Area Korea: Implications for Gregarious Behavior in Ornithopod and Sauropod Dinosaurs. *Ichnos*, 19(1-2), 105-114

그림 8-1 장기홍, 서승조, 박순옥, 1982. 의성군 탑리 부근의 공룡 지골 화석. 대한지질학회지. 18권 4호, 195~202. 도판 2

그림 12-3 양승영 외, 2003. 한국화석도감

그림 14-1 윤철수와 양승영, 1997, 한국 경상누층군 하산동층의 공룡알화석, 한국고생물학회지 13권, 21-36

그림 14-3 허민 외, 한국의 공룡화석, 문화재연구소

그림 17-1 Park, E.J., Yang, S. Y. and Phillip Currie, 2000, Early Cretaceous dinosaur teeth of Korea, Paleont.Soc,Korea Spec. Pub. No. 4, Fig.5

그림 17-3 윤철수, 백광석, 정영현, 2007, 경상분지에서 발견된 백악기 파충류 이빨화석, 한국고생물학회지, 23권 1호, 27-47P, Fig. 5

그림 17-4 Lee, Y.-N., 2008, The first tyrannosaurid tooth from Korea. *Geosciences Journal* 12(1), 19-24. Fig. 3

그림 18-1 Paik et al., 2010, Impressions of dinosaur skin from the Cretaceous Haman Formation in Korea. *Journal of Asian Earth Sciences*, 39(4), 270-274

그림 19-1 양승영 외, 2003. 한국화석도감

그림 22-2 양승영 외, 2003. 한국화석도감

그림 23-2 Yang, S.-Y. et al., 1995. Flamingo and duck-like bird tracks from the Late Cretaceous and Early Tertiary: evidence and implications. *Ichnos*, 4, 21-34. Figs. 5, 6

그림 24-2 록클리 외, 1994. 중생대 조류의 발자국-그 증거와 의미-.한국지구과학회

지, 15(6), 401-426

그림 24-3 Kim et al., 2006. The oldest record of webbed bird and pterosaur tracks from South Korea (Cretaceous Haman Formation, Changseon and Sinsu Islands): More evidence of high avian diversity in East Asia. *Cretaceous Research*, 27(1), 56-69

그림 24-4 Kim et al., 2012. A Paradise of Mesozoic Birds: The World's Richest and Most Diverse Cretaceous Bird Track Assemblage from the Early Cretaceous Haman Formation of the Gajin Tracksite, Jinju, Korea. *Ichnos*, 19(1-2), 28-42

그림 24-5 황구근 외, 2010. 전라남도 신안군 사옥도에서 발견된 새로운 화석지, 대한지질학회지, 46(5), 511-520

그림 27-2 양승영 외, 2003. 한국화석도감

그림 27-3 양승영 외, 2003. 한국화석도감

그림 29-2 양승영 외, 2003. 한국화석도감

찾아보기

-

공룡의
나라
한반도

중생대 이 땅의 지배자를 추적하는 여정

1판 1쇄 펴냄 2016년 10월 21일
1판 2쇄 펴냄 2020년 3월 15일

지은이 허민
펴낸이 박상준
펴낸곳 (주)사이언스북스

출판등록 1997. 3. 24.(제16-1444호)
(06027) 서울특별시 강남구 도산대로1길 62
대표전화 515-2000 팩시밀리 515-2007
편집부 517-4263 팩시밀리 514-2329
www.sciencebooks.co.kr

ⓒ 허민, 2016. Printed in Seoul, Korea.
ISBN 978-89-8371-794-8 03400